# BIOMIMETICS FOR DESIGNERS

# 仿生设计

## 设计师如何从自然中汲取灵感

[英] 薇罗妮卡·卡普萨利 (Veronika Kapsali)　著

张靖　译

广西师范大学出版社
·桂林·

# CONTENTS 目 录

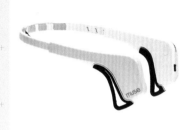

## 仿生学

仿生学（Biomimetics）一词源自古希腊语中的生命（bios）和模仿（mīmēsis）两个词，是一门研究生物的结构或功能、生物创造的物质或材料（如酶或丝绸等），以及生物的合成机制（如蛋白质合成或光合作用）的学科，其目的是模仿这些自然机制合成类似的人工产品。

**顶图：** Muse 头带——一种可穿戴设备，帮助佩戴者练习冥想。头带具有嵌入式传感器，可检测不同类型的大脑活动（如思考、睡眠或放松）产生的电信号，产生的数据通过蓝牙发送到佩戴者的移动设备上，对大脑活动进行反馈

**上图：** 史蒂夫·曼恩（左），经常被称为"可穿戴式计算机之父"，1996 年，他和他的研究团队在美国麻省理工学院的媒体实验室展示了首批可穿戴式计算机设备的原型

# INTRODUCTION 引言

**当下，我们正处在一个前所未有的时代，爆发式的技术增长使得大量的科幻场景迅速转变为科学现实，可穿戴式计算机和增强现实技术就是两个最好的例证。**

早在 20 世纪 80 年代，美国麻省理工学院具有远见卓识的教授兼发明家史蒂夫·曼恩（Steve Mann）就开始探索可穿戴式电子网络系统。此后十年间，曼恩和他的团队将相机和其他电子设备绑在身上的照片通过当时新兴的互联网流传开来。到 20 世纪末，由于导电纤维和纱线技术的进步，飞利浦电子公司和李维斯服装公司联手开发了内置可穿戴电子设备的商业服装原型。尽管这些技术尚未进入大众市场，但随着柔性电路技术的进步，传统纺织系统首次得到了全新的功能升级，可以集成诸多电子设备，如生物识别传感器、全球定位设备、灯光显示器、音视频录放设备等，为穿戴者的个人局域网提供服务。

现如今，可穿戴设备和个人局域网已成为商业现实。在当代青少年的世界里，闪闪发光的鞋子已不足为奇，越来越多带有嵌入式传感器和加速计的产品正悄然兴起，例如，新一代的运动鞋能够收集穿戴者在运动过程中产生的各种数据，并将数据在手机等一系列电子设备上共享；4iiii 创新公司生产的联网眼镜可以反馈体能信息；Muse 软件公司研发的电子头带，可以读取佩戴者的脑电波并评估其紧张程度，然后播放特定的音乐组合来舒缓佩戴者的精神压力。

于 20 世纪初开始的材料学革命，为纳米技术、生物材料、导电材料和超材料等诸多新材料领域的关键发展铺平了道路。这些革命性的创新研究，使物质实体和信息得以融合，从而创造出具有超越各部分潜力总和的新系统。如今，我们已经可以创造出某种类型的结构形式，它们能够在改变物理特性的同时，记录信息、产生知觉并予以回应，宛如生命体一般。

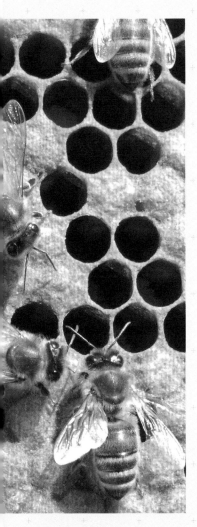

**上图：**蜜蜂在蜂巢中工作的特写。蜂巢结构由正三角形蜡室组成，用于储存蜂蜜，并由蜡层密封

## 仿生学简史

1665年，英国科学家罗伯特·胡克（Robert Hooke）出版了《显微图谱》（*Micrographia*）一书，纤毫毕现地展示了一个此前几乎不可能观测到的微观生命世界。在光学显微镜的各类镜头下，他观察了常见的跳蚤和植物组织的标本，以及剃须刀和针头等生活用品，并用插图记录了他的观察结果。在放大镜和光学显微镜发明之前，我们对自然世界的认知仅限于通过肉眼观察和基本实验所获得的经验，而知识上的巨大空白则依靠想象力、自然哲学（早期对自然的科学研究）和各种信仰体系来填补。随着自然哲学逐渐发展为自然科学，观测自然现象的设备和方法也变得越来越精密、复杂。通过运用科学的方法，生物学家能更详细地了解事物的运行方式。19世纪，英国牧师约翰·乔治·伍德（John George Wood）放弃了他的牧师工作，转而投身于自然历史方面的写作。他的作品虽然并非学术专著，但充满热情和活力，而且观点深受非科学专业读者的欢迎，诸如《乡间小生灵》（*Common Objects of the Country*）和《野外博物学家手册》（*Field Naturalist's Handbook*）等书，在英国和北美地区都颇有名气。1885年，他出版了《师从大自然——大自然预示的人类发明》（*Nature's Teachings - Human Invention Anticipated by Nature*）一书。在这本书中，他展现了毕生对自然的观察和热爱，出色地阐述了数百项人类的发明创造，以及这些发明与解决相同问题的生物机制有着怎样的联系。从一开始的木筏、钩子到窗户，再到后来的相机和电力，经过一生的观察研究，他坚信大自然已为我们未来的科技发展奠定了方向。

正如人类现有的发明在大自然的丰富性面前显得并不新鲜，毫无疑问，自然界中仍蕴含着人类尚未发现的可用于未来发明的原型。因此，未来，伟大的发明家一定是那些从大自然中寻求艺术、科学或机械学原理的人，但他们不会因为创造了某些"新发明"便骄傲自大，因为他们最终会发现它在自然界中早已存在了无数个世纪。

——约翰·乔治·伍德，1885年

### 生物物理学及其后续

19世纪初，一小部分科学家开始用物理学来解释生物现象，由此推动了一个新学科的诞生，即今天的生物物理学（biophysics）。到了20世纪，一位年轻有为的美国生物物理学家和发明家——奥托·赫伯特·施密特（Otto Herbert Schmitt），将电子物理学应用在他对神经末梢之间电的相互作用的开创性研究之中。到20世纪40年代，他已经发表了数篇有关这项研究的论文。当时，很多科学家都希望打破学科界限，从专业化转向更广博的跨学科工作模式，尤其是科学和技术的相互渗透。跟许多同行一样，施密特认为生物物理学中涌现出的新知识可能会对创新产生重大影响，但彼时还没有关于应用生物物理学的专业术语。因此，在1957年，他在博士学位论文中创造了"biomimetics"一词来描述这种研究。1958年，美国俄亥俄州代顿市赖特-帕特森空军基地的一名医生杰克·斯蒂尔（Jack Steele）少校，使用"bionics"一词来指代"研究模拟自然界及其类似系统中的某些机能和特征的系统科学"。

1960年9月，美国空军科学研究办公室（AFOSR）在其代顿市基地举办了一场题为"仿生学研讨会——生物原型：通往新技术的关键之路"（Bionics Symposium - Living Prototypes: the key to new technology）的会议。这次研讨会为期三天，来自科学界和工程

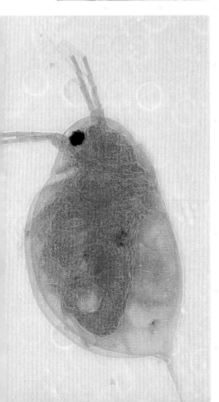

**下图：** 1974年，马丁·凯丁所著小说《赛博格》的平装版封面，主人公是半人半机器的混合体

**底图：** 一张放大了50倍的水蚤显微图像。罗伯特·胡克在他的出版物《显微图谱》中就是使用的这类标本图片

界的 30 多位专家发表了演讲，有 700 多名科学家、工程师和军官参与其中。此次活动的徽标是一把手术刀和烙铁的结合，表明了科学方法与技术应用相互融合之意。施密特在研讨会上发表了演讲，对"bionic"一词提出了质疑，认为它听起来与苏联的"Sputnik"（人造卫星）一词太相似，有可能引起将应用生物物理学的发展都归功于苏联的倾向（这次研讨会的许多论文都反映了冷战时期的紧张局势，冷战双方都迫切想要在科学知识和技术创新的竞争中保持领先）。施密特还在会上强调，尽管学界当时重点关注的对象是大部分大脑功能和计算，但也决不能忽视新材料和新结构带来的其他众多发展机遇。

生物机械学（bionics）、仿生学（biomimetics）、生物模拟（biomimicry）、生命学（biognosis）本质上都是一回事。
——朱利安·文森特教授（Julian Vincent）

正如施密特预言的那样，仿生学一词拥有了新的生命，尤其是在科幻作家马丁·凯丁（Martin Caidin）出版了小说《赛博格》（Cyborg）（译注：《赛博格》为音译，也可以意译为《半机械人》）之后。小说描述了一名飞行员在驾驶实验飞机时险些丧命，后来他通过先进的医疗技术变成了一个半机械人——一种半人半机器的超级人类。小说出版于 1972 年，后来成为电视连续剧《无敌金刚》（Six Million Dollar Man）和《无敌女金刚》（Bionic Woman）的原型。渐渐地，半机械人和仿生学的概念在大众的想象中被联系了起来。仿生学研讨会连续开了三年，重点关注生物学、电子学及计算机技术三者之间的交叉领域。现如今，美国空军科研办公室仍在继续支持开创性的活动，探索和资助应用生物物理学的研究，仿生学是其中的重点。

## 现代仿生学

20 世纪 70 年代初，两位英国科学家——动物学家朱利安·文森特与工程师乔治·杰罗尼米迪斯（George Jeronimidis），在英国雷丁大学开始共同研究动植物的生物力学，他们合作的几个项目拓展了人类对昆虫角质层、珍珠母和木材等生物材料的专业认知，英国帝国化学工业公司（ICI）从事聚合物研究工作的主管罗杰·特纳（Roger Turner）对他们的一些项目提供了资助。在一次拜访中，特纳建议两人在雷丁大学建立一个独立的跨学科单位，以便更好地整合这两个学科。1991 年，雷丁大学的仿生学中心成立，并在此后成功运营了 9 年。特纳在该中心成立后不久也加入了团队，并担任经理，中心成员一度增至 15 人。他们在智能材料、食品物理学、可展结构、高强度生物陶瓷和人工肌肉等领域开展了大量开创性研究。2000 年，文森特转到巴斯大学，成立了仿生和自然技术中心，这两个中心一直运营到 2008 年文森特退休。现如今，虽然这两个中心已经成为历史，但它们对世界各地仿生学研究的影响经久不衰。仿生学对理工各学科（科学、技术、工程和数学）的融合丰富发挥了极大的作用，相关期刊论文从 20 世纪 90 年代中期每年 100 篇增加到 2013 年的 3 000 多篇，学术界的活动呈爆炸式增长。2013 年 9 月，英国将仿生学纳入 11 ~ 14 岁儿童设计与技术的全国统一课程，在世界其他地区，这门学科也一直是培训工科本科生和研究生的专属学科。

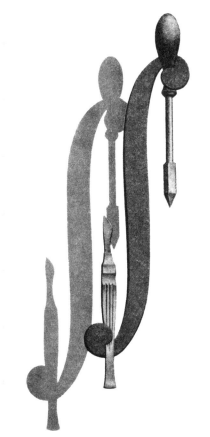

**顶图：** 美国空军科研办公室举办的仿生学研讨会的初代标识，1960 年

**上图：** 一张放大了 100 倍的普通蚊子翅膀的显微图像，这是罗伯特·胡克观察的另一个标本类型

# 神话与现实中的仿生

大自然的美妙、力量与浩瀚广博总能激起我们心中最原始的情感，为我们提供永不枯竭的美学灵感，人类历史上的众多艺术作品都体现了这一点。然而，关于仿生创新似乎一直没有文献记载，无论是在伟大的艺术作品中还是在考古发现中都没有找到与仿生学相关的确凿证据，甚至直到20世纪50年代左右，才有精确的术语来描述仿生现象。尽管如此，在古老的神话传说中，在个人记录或日记的片段中，都能找到与仿生概念相关的蛛丝马迹。下文将介绍几个可以证明仿生学存在的例子，虽然彼时甚至在神话中都还没有出现"仿生学"这个词。

## 代达罗斯

在希腊神话中，代达罗斯是一位才华横溢的建筑师、雕塑家和发明家，以其艺术造诣和心灵手巧而闻名。他有一个侄子叫塔卢斯（也叫佩迪克斯），在他那里做学徒。塔卢斯虽然很年轻，但他因展现了非凡的创造力而名声大噪，可与他的师傅代达罗斯相媲美。这个神话中出现了一个特定的发明：塔卢斯在海滩上散步时，发现了一条死鱼的完整脊椎，经过仔细观察，他用金属重制了这种结构，从而创造了第一把锯子。

代达罗斯对他的天才侄子的嫉妒与日俱增，以至于有一天，他把塔卢斯从卫城上推下致其死亡，结果，代达罗斯因罪行被流放到克里特岛，为米诺斯国王服务。他想和他的儿子伊卡洛斯一起逃离克里特岛，但米诺斯控制了陆路和海路，于是，代达罗斯想从天上找到逃跑的办法。受鸟类飞行的启发，他用蜡和羽毛制作了翅膀，在翅膀的帮助下，这对父子成功地飞离了克里特岛。尽管代达罗斯警告过儿子不要飞得太高，但伊卡洛斯并未放在心上，最终，太阳的热量熔化了蜡，导致翅膀解体，伊卡洛斯从空中坠落而亡，只有代达罗斯一人最终抵达西西里岛。

## 埃迪斯通灯塔

埃迪斯通灯塔位于英格兰南部德文郡海岸外，用于警告船只注意附近危险的埃迪斯通礁石。该地点承受的风浪极大，用木材建造的两座灯塔无法长久维持。18世纪中期，土木工程师约翰·斯密顿（John Smeaton）受命设计第三座灯塔，他以橡树的形状为原型，设计宽阔的底盘以增强稳定性，并以花岗岩作为主要材料。灯塔于1759年竣工，之后近100年都保持完好。该项目的成功不仅归功于优秀的建筑设计，还有两项创新也发挥了重要作用：其一是水硬性石灰的应用，这是一种特有的混凝土，最初罗马人使用过，可以在水下凝固成型；其二是使用创新的燕尾形构件将花岗岩块固定在一起，形成特别坚实耐用的砌体结构。上述所有因素结合在一起，造就了这座成功的建筑，并一直使用了一个世纪。

## 水晶宫

欧洲人于19世纪初发现的巨型睡莲[亚马孙王莲（Victoria amazonica）]，据说长期以来被认为是1851年第一届世界博览会的举办地——英国伦敦海德公园的水晶宫的设计灵感来源。然而，现在人们认为这个故事本身就是一个神话。1847年，第一批热带植物标本被运抵英国，并被送到英国皇家植物园邱园的园艺师手中。这些园艺师努力地为这批植物创造了一个生存环境，并将其中一株幼苗送到了查茨沃斯庄园首席园艺师约瑟夫·帕克斯顿（Joseph Paxton）那里。

帕克斯顿是一位才华横溢的园艺家，同时也是一位富有创意的工程师，他将植物学知识应用于温室的设计。通过各种建造实验，他发明了一种"脊沟式"屋顶系

下图：1906年出版的德国百科全书《迈耶百科词典》（Meyers Konversations-Lexikon）中的一幅插图——代达罗斯为他的儿子制造翅膀

底图：《特鲁塞百科全书》（Trousset Encyclopedia，1886—1891）中的一幅雕刻插图，描绘了埃迪斯通灯塔

统——能够完全用玻璃和铁制成的一个大型结构。帕克斯顿利用它开创性地设计建造了查茨沃斯百合屋，这是一个巨大的玻璃罩棚，可以用来培植亚马孙王莲幼苗。1849 年，他培育出了第一株在英国种植的亚马孙王莲。

帕克斯顿借鉴百合屋的建造经验，为1851 年的世博会展览提出了一个雄心勃勃的建筑设计方案。设计想法一经提出便广受好评，于是他被任命为该展馆的建筑师，完成了世界上最大的仅用铁和玻璃建造的建筑——水晶宫。展览结束后，帕克斯顿受邀在英国皇家艺术学会发表了一场关于该建筑设计的演讲，其间他展示了一幅亚马孙王莲叶片的插图。据说，一位过于热情的记者误解了帕克斯顿的发言，于是就有了这个关于设计灵感的传说。尽管亚马孙王莲叶片的结构与水晶宫的"脊沟式"屋顶系统有相似之处，但事实上，山毛榉等其他类型的植物叶片与该设计更为类似。

## 埃菲尔铁塔

另一个早期仿生学的例子是为 1889 年巴黎世博会建造的埃菲尔铁塔。法国结构工程师古斯塔夫·埃菲尔（Gustave Eiffel）是一位才华横溢的工程师，他的专长是设计由支柱和铆钉组成的大型铁结构。他的代表作包括葡萄牙波尔图的玛丽亚·皮亚铁路桥（1877 年），以及法国雕塑家弗雷德里克·奥古斯特·巴托尔迪（Frédéric Auguste Bartholdi）在纽约设计的自由女神像的内部框架（1884 年）。

据说，埃菲尔铁塔的灵感来自德国解剖学家赫尔曼·冯·迈耶（Hermann von Meyer）和瑞士工程师卡尔·库尔曼（Karl Culmann）的共同研究，前者在人类股骨的内部结构中发现了一种被称为骨小梁的交叉纤维，后者创建了这些纤维的数学模型，将其类比为建筑物中使用的支柱和支架。

埃菲尔铁塔的最初设计实际上是由埃菲尔的两名员工于 1884 年构思的，一位是曾师从于卡尔·库尔曼的瑞士工程师莫雷斯·克什兰（Maurice Koechlin），另一位是法国工程师艾米勒·努吉耶（Émile Nouguier）。古斯塔夫·埃菲尔利用他在大型金属结构方面的专业知识，计算出了抵抗风荷载所需的基础塔架的曲线，从而完善了该铁塔的设计。这样一座 300 多米高的铁塔是 1889 年世博会展览的中心建筑，现在已成为历史上最具标志性的建筑之一。

## 猫眼道钉

1933年，英国人珀西·肖（Percy Shaw）发明的反光道钉（猫眼道钉），在道路交通安全领域可谓至关重要。肖是一位杰出的发明家和企业家，在学生时代，他就开发了一套用橡胶固定地毯的工艺流程，还设计了一种泵送汽油的方法。40岁时，他开始经营一家企业，主营业务是用柏油碎石修复道路和园林小径，为了方便开展工作，他还发明了一种机械式压路机。

当时，很多驾驶员在夜间依赖于车头灯在电车轨道金属表面的反光来判断行驶路线。随着汽车和公共汽车逐渐取代有轨电车，金属轨道也逐渐被拆除，但肖意识到夜间交通仍需要可以反光的表面来确保行车安全。据说，猫眼道钉的灵感部分来源于猫眼中可以穿透黑暗和浓雾的特殊结构，部分来源于在此六年前英国赫里福德郡的理查德·霍林思·默里（Richard Hollins Murray）发明的反光路标技术。在两者的基础上，肖花了很长时间设计了猫眼道钉，虽然基本原理仍是利用已知的反射透镜的光学特性，但他的贡献在于将这些产品安装在一个坚固、实用的外壳中，并创建了一种具有成本效益的批量生产方法。

**右上图：** 猫眼的特写。包括猫在内的许多动物的视网膜后面都有一层被称为脉络膜反光毯的组织，它可以将光线反射回眼睛，以增强动物的夜视能力

**右图：** 一个带有黄色反光板的道钉

# 仿生设计

理工各学科（科学、技术、工程和数学）和创意界之间各行其是的状态已经开始瓦解，就像 20 世纪 50 年代科学与技术之间的互动一样，理工各学科与创意界之间也开始产生互动。科学家和工程师，与艺术家和设计师一起，如饥似渴地相互合作，开创了令人振奋的科技创意产业的新局面。尽管目前这种新的合作局面还处于起步阶段，但科学家和工程师越来越认识到在项目的早期就加入创意设计的工作远比到后期加入来得重要。

目前，设计、艺术、科学三个领域在合作规模和产出上差异很大，有将家庭空间改造成临时实验室的好奇心旺盛的业余爱好者，也有旨在挑战现状并激发讨论的专门从事基于生物领域创作的新兴艺术家。例如，英国艺术家安娜·杜米特留（Anna Dumitriu），她游走在艺术和科学的边界进行创作，创作媒介包括细菌、机器人和纺织品，希望借此提高人们对抗生素和细菌对公共卫生影响的认识。她在 2014 年的个人展览"浪漫的疾病：一次关于肺结核的艺术调查"（The Romantic Disease: An Artistic Investigation of Tuberculosis）中，展示了人类与这种疾病的奇怪关系——从早期围绕它的迷信观念到抗生素的进步，再到细菌基因组测序的最新研究。杜米特留将与她合作的微生物学家的实验室变成了实验室与工作室混合体，在那里，她能够使用包括基因组测序在内的一系列非常规技术进行创作。

像杜米特留一样，许多先锋艺术家和设计师正在摒弃传统的材料、方法和工作场所，探索与生物学、工程和科学相关的新领域。虽然其驱动力各不相同——从好奇和挑衅，到直面可持续问题等重大挑战，但毫无疑问，我们所处的时代已经不可逆转地模糊了创意和科学之间的界限。

大自然向我们展示了如何利用最少的资源将简单材料与"巧妙设计"相结合，实现先进、复杂的系统和结构，并形成相互依存、互有反馈的封闭网络。这种设计方法与工程领域面临的许多技术挑战密切相关，但与创意设计领域的相关性不那么明显，事实上，如果仔细审视，甚至会发现两者存在一些矛盾。

**上图：**高迪设计的西班牙巴塞罗那圣家族大教堂，是一个生物形态的建筑

**下图：**《天才细菌》（*Genius Germ*，细节，左下），安娜·杜米特留"浪漫的疾病"系列作品的一部分，2014 年。这件作品的灵感来源于巴勃罗·毕加索（Pablo Picasso）的作品《可怜的天才！》（*Pobres Genios!*，1899—1900）

为了解决这一矛盾，本书试图在创意设计领域应用的背景下探索仿生学的关键原则。仿生学是一门年轻的学科，如何对其原则和实践进行定义，近年来一直是学界争论的焦点。仿生学界和设计界的诸多举措产生了大量指导性的宣言，不仅描述了从现有仿生设计实践中总结出的关键原则和方法，也提供了仿生思维、项目管理和设计理论等方面的指导性工具。尽管这些宣言的观点各不相同，但有一些关键的原则被反复强调。（以下描述仅为具有代表性的原则，并非详尽无遗。）

### 最大限度地利用资源

我们认为生物学中"巧妙设计"的基本原则之一就是最大限度地利用资源。自然环境中的资源是有限的，植物和动物必须竞争才能获得各自需要的重要的营养物质。例如，必需氨基酸是复杂的蛋白质分子，不能由身体产生，只能从外部食物中获得，因此生物体需要定期食用这些食物，以保持健康。人类有赖于发达的食品工业，可以轻松获取各种营养物质，而动物则需要从自身所在的环境中获取，但生存所需的资源往往有限，物种之间总有竞争，因此，生物体获得资源之后必须将其利用到极致。具有特色的形态和结构是生物体能够最大限度地利用资源的有效保障，许多实例表明，结构特征和行为的组合的确可以让某些生物体在环境中生存时事半功倍。例如，座头鲸和箱鲀的固有形状可以提高运动能力，同时降低能耗，而蜂巢和鲍鱼壳则可以利用极少量的薄弱材料建造超强结构。

### 使用免费或丰富的能源

动物大部分时间都在寻找食物，利用免费或丰富的能源（如阳光）的系统在自然界比比皆是。本书列举了几个收集非常规能源的例子，它们能让我们摆脱对电力和石化产品的依赖，例如，从稀薄的空气中提取水，或者利用环境湿度或温度为运动提供动力。

### 力求多功能

生物系统只有单一功能的例子并不多。例如，种荚首先为种子生长提供了一个保护环境，但一旦成熟，其外壳就会变成一个运输和传播装置；鲨鱼身体表面的特殊纹理不仅最大限度地减小了水中的阻力，还能防止微生物附着在皮肤上。

### 废物即资源

地球是一个封闭系统——除非出现陨石撞击地球的情况，否则没有办法向这个系统引入新的物质，也没有办法将物质从这个系统中带走。在自然界中，这些有限的资源具有巨大的价值，没有任何东西是真正的废物。但人造环境的现实则大不一样，资源和废物是对立的，这也是人类子孙后代面临的关键挑战之一。生物学可以告诉我们如何利用废物中的丰富资源来制造具有特定属性的含有丰富信息的材料，从而减少垃圾填埋。

### 定位感知和适应性调整

自然界中的生物与环境共生共存，但也具有自主性，它们能够感知和应对栖息地的变化，进行生长、交流、修复和繁衍。这些行为背后的机制极其复杂，将其理解并转译到人造系统中是当今仿生学设计中最令人兴奋的前沿领域之一。目前，大部分发展成果，如可编程材料、自组装机器人和集群联网设备，仍然处于实验阶段，但将这些技术逐步引入市场并不像我们想象的那么遥远。

**下图：** 测地线穹顶是一种球形结构，具有由三角形元素构成的晶格外壳。由于其美学特性，这种类型的结构通常被称为仿生结构

**底图：** 一系列被设计成具有生物形态的花瓶

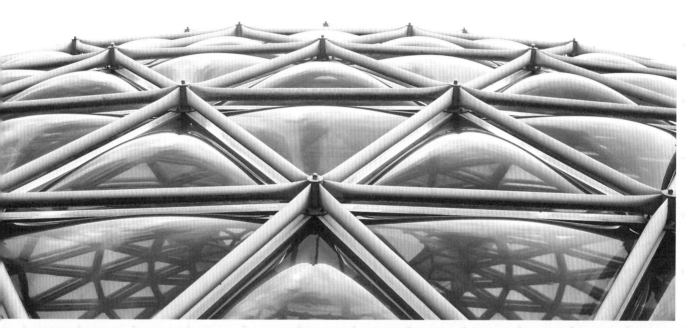

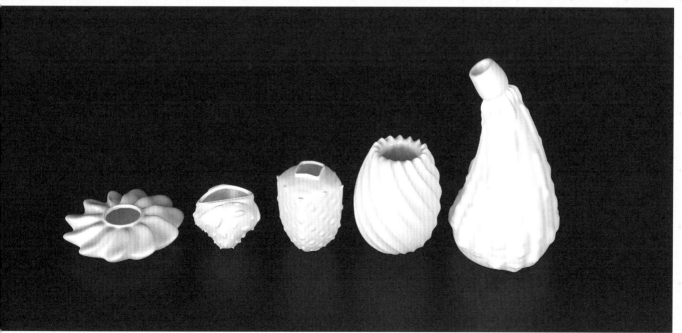

## 未来展望

物联网（IoT）是当今最受关注的创新主题，是一个宏大的概念：它指出了当前的技术在产品和服务方面的发展方向，描绘了智能产品、服务和环境与个人形成动态互联的未来愿景。目前，淋浴器、服装、洗衣机和汽车等尚未联网的产品，将在未来发展出新的智能功能，通过传感器和驱动系统实现信息交流。总之，物联网提出了一种范式，利用仿生原理改造局部组件，使物品产生感知和适应能力，将静态孤立的世界转变成动态的生态系统。

先进材料带来的巨大可能性打破了目前我们对无生命"物体"的认知界限，将我们带入了一个不同产品、界面和系统都可以智能互联的新时代。

这一时代的新图景为设计师提供了全新的技术以创造未来，不过投身于创意事业的群体也需要担负起一定的社会责任，确保对新技术的使用以最有利于人类发展的方向进行。正如施密特在 1960 年所说，我们决不能为了技术的进步而倒退。现在的产品和设备确实可以兼容、合并，但也让我们思维狭隘——我们真的需要将手机集成到衣服中吗？其实真正重要的是，面对众多全球性挑战，如人口老龄化带来的日益增长的能源消耗及对新增人口的过分依赖等，我们要从中分辨出真正的需求。我们真的可以从大自然精密的运作方式中受益良多。

**上图：** 上海陆家嘴金融区。包括中国目前最高的建筑——上海中心大厦在内，很多超高层建筑都在上海，这些巨大的建筑群让我们对未来的城市浮想联翩，而通过仿生学的方法设计和规划未来的人类环境也有着令人兴奋的前景

**对页图：** 仿生立面设计的一个例子。建筑的第二层表皮不仅会对建筑的外观产生变革性影响，还可以提供防火等功能。未来，仿生创新在建筑设计上也将有一席之地

# SHAPE

形态

本章探讨了生物形态对资源优化利用的作用方式，以及这种方式给产品设计和技术创新带来的关键性启发。生物学告诉我们，生物的形态不仅可以为生命体带来多种被动式功能，而且能为其在空气或水中运动时的能量管理提供强有力的保障。

以下案例还会简要介绍一些应用仿生学的实践者，并揭示仿生设计并不局限于工程领域。这些案例的实践者是一群富有创造力的人，他们也许并不是科学家或工程师，却能天才般地提取生物特征并融合已知技术创新性地解决问题。

# 带刺的树篱 | 刺绳
天然的尖刺阻隔 | 实用的尖刺围栏

左图：美国西部地区无围栏的景象，约 1881 年

上图：树篱的棘刺细部，可形成一道有效的屏障

在 1862 年亚伯拉罕·林肯（Abraham Lincoln）签署《宅地法》引发美国人大规模移民之前，美国西部地区的主要居民一直是美洲原住民印第安人。《宅地法》规定，只要定居者在此居住满五年，就可以花费少量费用换取不超过 65 公顷公共土地的所有权。在接下来的几十年里，无数人从东部移民到西部，在这块"新土地"上寻找新的发展机会。这群新的土地主都需要划定自己的领地范围，以保护其上的作物和家畜。但这片广阔的草原平坦而单调，没有树木和石头，无

法制作传统的围栏，因此有许多土地主沿着领地边界种植了当地的桑橙树，其多刺的树篱对家畜和野生动物都有很好的威慑作用，为地界提供了强有力的屏障（有些原始的树篱保留至今）。尽管可以使用这样的措施，但如此大面积土地的圈护仍然是一项艰巨的任务，人们迫切需要一种能够快速组装且更为廉价的围栏。这个问题并不局限于美国西部地区，至南北战争（1861—1865）结束前，简单、经济的围栏也是依赖奴隶劳动来维护庄园的南方地主们的刚需。

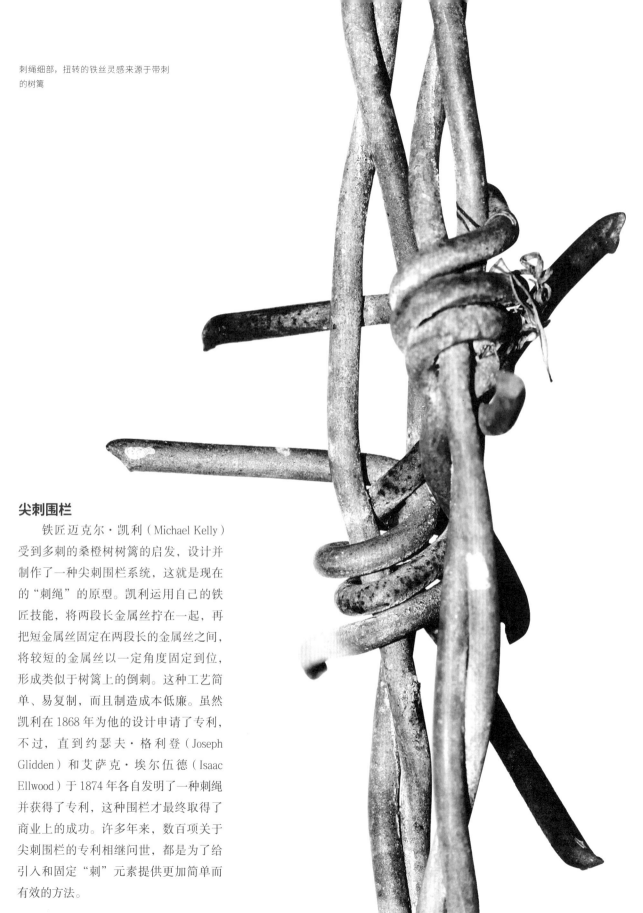

刺绳细部，扭转的铁丝灵感来源于带刺的树篱

## 尖刺围栏

　　铁匠迈克尔·凯利（Michael Kelly）受到多刺的桑橙树树篱的启发，设计并制作了一种尖刺围栏系统，这就是现在的"刺绳"的原型。凯利运用自己的铁匠技能，将两段长金属丝拧在一起，再把短金属丝固定在两段长的金属丝之间，将较短的金属丝以一定角度固定到位，形成类似于树篱上的倒刺。这种工艺简单、易复制，而且制造成本低廉。虽然凯利在1868年为他的设计申请了专利，不过，直到约瑟夫·格利登（Joseph Glidden）和艾萨克·埃尔伍德（Isaac Ellwood）于1874年各自发明了一种刺绳并获得了专利，这种围栏才最终取得了商业上的成功。许多年来，数百项关于尖刺围栏的专利相继问世，都是为了给引入和固定"刺"元素提供更加简单而有效的方法。

**生物学**

# 木蠹虫下颌骨
### 切碎木材的能力

**仿生学应用**

# 现代化锯链
### 革命性的金属锯链

伐木是世界上最危险的工作之一，工人的死亡率远高于其他工种。在伐木业大规模发展的早期，工人主要依靠手锯来伐木，但整个劳动过程强度高，效率低，且十分危险。当时，整个伐木业都迫切需要一种能够减轻劳动强度并提高安全系数的伐木工具。到了 1858 年，美国纽约的哈维·布朗（Harvey Brown）发明了汽油动力环形链锯，并获得了这项发明的首项专利。然而，它是一项失败的发明，从一开始就不太安全可靠，即便后来的发明家对原设计进行了诸多改进，仍然徒劳无功。

20 世纪 40 年代，一位经验丰富的焊接工约瑟夫·布福德·考克斯（Joseph Buford Cox）和他的兄弟搬到俄勒冈州，想要从事利润丰厚的伐木业。考克斯意识到了伐木业对机械化的需求，并应邀

**左图：** 一只木蠹虫幼虫正在噬咬一段原木

**下图：** 堆放在森林路边待运走的原木

18

上图：一把普通的链锯

右图：在现代伐木作业中，工人们使用的防护服和带防护装置的链锯

下图：链锯的 C 形链条细节，灵感来源于木蠹虫幼虫的下颌骨

试用了一种由摩托车发动机驱动的早期轮式树桩锯。他很快就得出结论：这种锯子的链条设计机制不佳，导致工作效率非常低。考克斯决心找到更好的解决方案，他坚信答案就在自然界中。

## 从下颌骨到锯子

有一天，考克斯在伐木时，偶然发现了一窝木蠹虫幼虫，这些被称为"松木锯虫"的木蠹虫幼虫因破坏树木而臭名昭著，但考克斯对它们将木材撕咬成木屑的方式十分好奇。他用放大镜观察了这些幼虫几个小时，发现它们如此高效地切碎木头的机制与其生物构造特点和噬咬方式有关。幼虫利用两处锋利的下颌骨从一个角度切进木材进行左右移动，与伐木工人在木纹上前后刮擦的锯木方式大不相同。

考克斯将自己的焊接知识与对这些幼虫行为的观察相结合，设计了一种模仿该幼虫噬咬结构和方式的 C 形链条。该设计于 1947 年获得专利，同年，考克斯成立了俄勒冈锯链公司，该公司至今仍在市场上占有重要地位。

**顶图：** 美国密歇根州的一个马拉雪橇上装载着大量原木，约 1899 年

**上图：** 手锯刀片

右图：在水上分拣原木

下图：一名使用现代链锯的职业伐木工人

# 鸟类飞行 | 现代航空

鸟类运动能力 | 人造飞行器

人工飞行可以定义为一种航行方式，即一个人通过附在身体上的飞行装置在任意方向上飞行，不过需要使用者使用装置达到一定的熟练度。

——奥托·李林塔尔（Otto Lilienthal），1895 年

**上图：** 飞行中的斑胸草雀

**下图：** 2012 年，一名参赛者在乌克兰克莱门捷娃山（Klementieva Mountain）参加滑翔比赛

从古至今，在不同文明的神话和虚构故事中，都流传着能够像鸟类一样飞行的超级角色，从穿着魔法草鞋的赫尔墨斯和长着鸢鹰翅膀的伊希斯女神，到现代美国文化中的超人，都是如此。尝试通过技术手段而非魔法或精神力量创造出模仿鸟类飞行的装置，并不完全是一种现代现象，但飞行成为人类现实是年代相对较近的事情。

鸟类依靠其生物构造和行为特征，如拍打翅膀和展翅滑翔来飞行。被称为"空气动力学之父"的英国工程师乔治·凯利爵士（Sir George Cayley），是第一位理

19 世纪 90 年代初，奥托·李林塔尔驾驶双表面滑翔机进行了持续飞行并做了科学记录

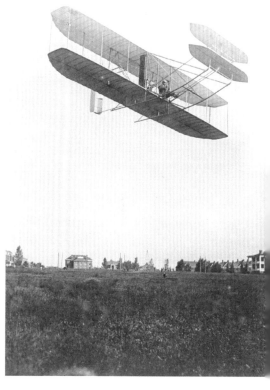

**上图**：奥维尔·莱特（Orville Wright）在莱特兄弟的动力飞机上，约 1908 年

**下图**：一只正在飞翔的栗鸢。鸟类的翅膀可以完成各种动作，如振翅悬停、滑翔或急升，以适应不同的需要

解飞行中空气动力（重力、升力、阻力和推力的相互作用）的科学家，他一生大部分时间都致力于滑翔机的设计和开发。1799 年，凯利首次提出了现代人工驾驶飞机的概念，这种飞机的机身比空气重，有固定的机翼和独立的升空、推进及控制系统。

### 机翼的形状和角度

1890 年左右，出现了最早一批研究鸟类翅膀形状的人，德国土木工程师奥托·李林塔尔（Otto Lilienthal）就在其中。他坚信鸟类能够做出滑翔行为的关键在于翅膀的弧度，于是他将这个发现应用于设计和开发带有特制弯曲截面的滑翔机机翼，最终李林塔尔发明了第一架能

够多次安全飞行的悬挂式滑翔机。

　　李林塔尔在设计滑翔机时，选择通过移动身体改变在滑翔机中的相对位置来控制飞行方向。若干年后，莱特兄弟——威尔伯和奥维尔认为这种方式严重限制了转向的准确性，于是二人着手开发一种更为先进的方法控制飞行方向。他们借鉴凯利和李林塔尔已有的成果，以及前人莱昂纳多·达·芬奇（Leonardo da Vinci）在15—16世纪对飞行的研究，对鸟类在飞行中的运动方式进行观察，发现鸟类是通过改变翅膀的角度来控制飞行方向的。这一发现为他们之后开发

**左上图：** 鸟类翅膀的细节，一部分隐蔽的羽毛帮助其在风中获得平稳的气流

**上图：** 一只正在飞行的鱼鹰，左下角展示了为飞行而长出的复杂而特殊的羽毛系统，包括位于翅膀和尾巴末端的长而坚硬的飞羽

**右图：** 一只正在展翅的北美红雀，可以看到其主翼羽（位于翼尖）和次级飞羽

上图：一架飞机在机场跑道上准备起飞

右图：机翼的细节。莱特兄弟发明的三轴控制系统使飞行员能够有效地操纵飞机，此系统至今仍是固定翼飞机的标准配置

出机翼面翘曲技术——一种由舵控制系统组成的机械装置奠定了基础。他们将滑翔机机翼设计成由滑轮系统控制的非固定装置，尽管这一举措引发了诸多争议，但是，从此滑翔机便可以像鸟类一样通过弯曲或扭转机翼来控制飞行方向了。

# 翠鸟喙 ｜ 新干线子弹头列车

无水花潜水　｜降低噪声, 提升能效

山阳新干线是日本高速铁路网的一条线路, 连接大阪和福冈, 采用电力驱动。新干线 500 系列车的设计时速为 320 千米/时, 曾为世界上速度最快的列车之一。列车的行驶路线既有露天部分也有隧道部分, 在试运行期间, 当列车以最高速度驶出隧道时, 引发了巨大的音爆, 而且当列车通过隧道时, 露天部分和隧道部分之间的气压差也对列车厢体产生了巨大冲击。

**上图:** 一只飞行中的翠鸟正准备潜入水中

**左图:** 翠鸟长长的流线型的喙与圆形的头部形成楔形, 喙两侧有凹槽, 使其潜入水中时几乎没有水花飞溅

随着列车离开隧道，这些速度达到声速的冲击波会向外发出震耳欲聋的噪声，以致距离轨道 500 米开外的居民都会受其干扰。由于噪声级别超过了当地的环境评价标准，新干线 500 系列车只能调回到上一代列车的速度，不能以全速行驶。德国工业设计师亚历山大·诺伊梅斯特（Alexander Neumeister）领导的工程团队意识到，如何让列车平稳地从低压区过渡到高压区至关重要，于是他们将视角转向生物学。团队中一名热衷于观察鸟类的成员建议将翠鸟作为一个研究模型。翠鸟栖居于河流附近，以鱼为食。捕鱼时，它们会从空中快速潜入水中（相当于是从低阻力区快速进入高阻力区），但因其独特的喙形而几乎不会引起水花飞溅。

## 锥形头部

该团队进行了一系列实验，包括向管道中发射各种形状的子弹，并测量射击产生的冲击波，再通过高级计算机对实验数据进行分析和计算，最终得到了理想形状的模型——这个由 CAD 软件设计制作出的模型与翠鸟喙的结构完全相同。这项工作成果为新干线 500 系列车的前端形状提供了依据，最终，该系列列车的车头被设计成一个 15 米长、截面几乎为圆形的尖锥。

与之前相比，这种设计让列车在进入隧道时受到的空气压力降低了 30%，从而减少了不稳定的气流以及出隧道时产生的噪声，提高了行驶的平稳性。与上一代列车相比，即使在更高的速度下行驶，耗电量也能节省 15%。

2014 年，冈山车站的一列新干线列车。新干线 500 系列车由西日本旅客铁道株式会社在山阳线上运营，速度高达 285千米 / 时

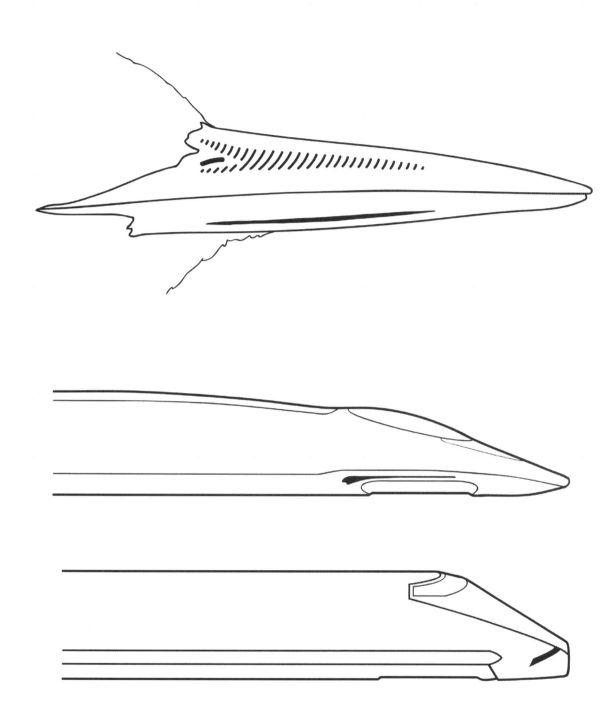

顶图：翠鸟的喙

中图：新干线 500 系列车

上图：新干线 300 系列车

对页图：一只白喉翠鸟栖息在树枝上

## 海豚体型 | 流线型船舶
高效的游泳能力　　纺锤形设计

地球上的湖泊、河流和海洋里隐藏着种类繁多的生物，它们特殊的形态、构造和行为方式能够使其更好地在水环境中生存。水中运动是一个极其消耗能量的过程，因为与空气相比，水是一种密度大、黏性高的介质，在其中运动会受到很大的阻力。具体原理是，当物体在水中运动时，与物体接触的水的流速因受到接触面上产生的摩擦力而减慢，但水体其他部分的流速并未减慢，于是这一速度差便会形成物体在水中运动的阻力。

水生动物克服阻力在水中向前运动时会消耗大量的能量，如何进行能量管理将对其自身的速度、加速度和机动性产生决定性的影响。可能由于自然选择带来的进化压力，能最大限度地控制水流的策略对特定物种的生存至关重要，因此，许多动物进化出了独特而巧妙的系统，可以通过管理水流优化能量的利用，达到减少阻力、增加推动力的目的。

野生海豚在水下游泳（上图）与跃出水面（右图）的姿态，展现出高度流线型的身体

## 流线型船舶

  处在食物链顶端的海洋哺乳动物，如海豚和鲸鱼等，经常长途迁徙，因此在自然演化中形成了流线型的身体。空气动力学先驱乔治·凯利爵士于 1800 年左右首次发现了这一特点，他通过对海豚体型的研究得出结论，在固体形状中，纺锤形 [ 类似于细长水滴，前端呈圆头，中间粗，尾部逐渐变细（译者注：被认为是流线型的一种）] 在水中受到的阻力最小。水生动物的各个部位如鳍、鳍状肢和尾都印证了这一设计原则。凯利爵士的发现启发了现代潜艇船身的设计，1953 年，美国海军的"大青花鱼号"科研潜艇就使用了这种纺锤形船身。

# 座头鲸胸鳍 | 实用的结节体系

在水中精确的操控能力　　在空气和水中高效移动

**上图:** 从侧面看座头鲸的胸鳍,可以看到沿着鳍的一个边缘上有隆起,或者说结节

**右图:** 一只座头鲸跃出水面

　　一只成年座头鲸可长达 15 米,重达 40 吨,但仍能做出精确而敏捷的动作,支持对其生存至关重要的行为。它们甚至可以沿着直径仅为 1.5 米的圆转圈,从而产生充满气泡的漩涡,达到一次性捕获大量磷虾的目的。

　　这种大型生物呈现出如此高度的敏捷性,不得不让人认为它们似乎掌握着

某种非常复杂、精妙的方法，可以改变在水中运动时受到的阻力。经科学家研究发现，这种非凡的灵活性背后其实是胸鳍的作用。它们的鳍状肢很长，且长宽比也很大，类似于鸟的翅膀。在鳍状肢的前缘排列着一排不规则的隆起，叫作棘状结节。当鳍状肢摆动时，这些棘状结节把接触到的水分为一个个均匀的水流通道。与光滑的鳍状肢相比，这种简单的设计可以提高约 8% 的升力，减少约 32% 的阻力。

## 结节技术

　　菲尔·沃茨（Phil Watts）博士和弗兰克·费什（Frank Fish）博士是研究座头鲸鳍的顶尖专家。2004 年，他们创立了 WhalePower（鲸能）公司，利用对座头鲸鳍的观察研究，将仿生设计商业化，并将其命名为"结节技术"（Tubercle Technology）。这类技术的应用十分广泛，而他们只专注于研究提高风力涡轮机的效率。WhalePower 生产的第一个产品是一种专业的风力涡轮机叶片，与传统叶片相比，它能够在中等风速下产生更多的能量。WhalePower 目前正在开发用于

**顶部左图和右图：** 常规的风力涡轮机叶片的局部细节与现代的风力发电厂

**右图，从上到下：** 大股水流在流经光滑的鳍缘时会产生强大的阻力，而在流经不平整的鳍缘时会被分成小股的水流，因而产生的阻力也较小。涡轮叶片凹凸的边缘的设计受到了座头鲸鳍的启发

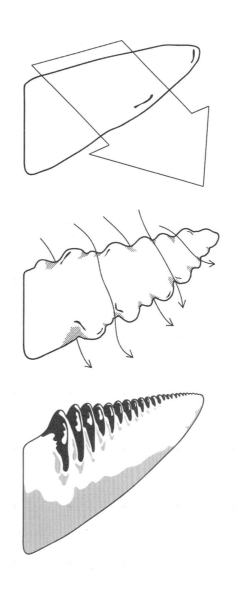

座头鲸的尾巴是锯齿状的，端头是尖的

风扇的小型叶片，这样的风扇运行时所需的能源可减少约 20%。

## 带结节的冲浪尾鳍

新西兰的罗伊·斯图尔特（Roy Stuart）是一名冲浪板造型师，他最初接受过哲学训练，但此后 20 多年来一直在磨炼自己的冲浪板造型技艺。他手工打造了世界上最昂贵的木质冲浪板——The Rampant，售价高达 100 多万美元。斯图尔特还是一位独具慧眼的创新者，他发现如果将弗兰克·费什的结节技术原理应用于冲浪尾鳍的设计，将能够提高应对冲浪板与大浪接触时的性能。经过一段时间的实验研究之后，斯图尔特成功地开发出了一种新型的冲浪尾鳍，其前端带有结节形的隆起。测试过这种新型冲浪板的人认为，与传统设计相比，这种安装在冲浪板底尾端的鳍片对冲浪板的操控性和提升力都有很大改进。

最初，斯图尔特仅在手工制作的木质鳍上使用了这种新式设计，虽然效果出乎意料，但每件作品都需要长达 60 个小时的制作时间。近几年，增材制造（3D 打印）技术的进步使轻质聚合物尾鳍的制作变得简单且成本低廉。斯图尔特的团队还计划使用计算机数控切割玻璃纤维板大规模生产鳍片，因为计算机辅助设计可以实现结节设计的精确批量复制。

**上图：** 罗伊·斯图尔特的冲浪板原型上有一个以结节为灵感来源的 3D 打印尾鳍

**右上图：** 一个手工制作的木质冲浪板局部，灵感也来源于结节

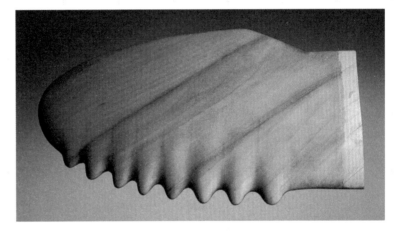

> 这与轮胎的胎面要有花纹，而不是平滑的，道理一样。
>
> ——罗伊·斯图尔特

**上图：** 手工制作的木质冲浪尾鳍，以结节形隆起为特色

**下图：** 使用连续纤维 3D 打印技术，以热塑性聚合物为原料制成的带有结节形隆起的冲浪尾鳍

# 箱鲀 | 仿生汽车

有效的形状和结构 | 应用空气动力学的轻质结构

箱鲀的形状有助于它在湍流中保持稳定

箱鲀生活在热带珊瑚礁生长的浅水区。顾名思义，它们的外观就像一个箱子，与大多数鱼类不同，其身体表面大部分覆盖着六边形片状的外骨骼结构，因此比较坚硬且能承受撞击。它们在水中游动时会用到五个鳍，而不是像一般软体鱼类那样靠身体的弯曲前行。如此的外形加上坚硬的外骨骼结构和强有力的鳍肌，形成了一个独特的系统，能够让箱鲀用极少的能量活动。

点斑箱鲀身体呈梯形，背部脊骨结构平坦，两侧凹陷，体表纹理凹凸不平。这种特殊的外部构造使箱鲀能够自然地将冲击力较大的湍流转化为自稳定的涡流，在水中平稳、高效地移动，而鳍则不用过于吃力，节省了相当多的能量。

## 流线型汽车

箱鲀身体简单的结构和纹理特点，使其能够承受较高强度，同时兼具稳定

由梅赛德斯 - 奔驰技术中心和德国戴姆勒 - 克莱斯勒研究所设计的基于箱鲀外观的仿生概念车

箱鲀的外部骨骼是由坚硬的六边形鳞片融合在一起形成的

由梅赛德斯 - 奔驰技术中心和德国戴姆勒 - 克莱斯勒研究所设计的基于箱鲀外观的仿生概念车

性和灵活性。梅赛德斯－奔驰技术中心和德国戴姆勒－克莱斯勒研究所的科学家共同研究了箱鲀的这些特性，并试图将其应用在汽车技术上。其实，箱鲀和小汽车在外形上已有明显的相似之处，但通过对其外形和纹理的水动力学特性和空气动力学特性进行深入建模研究后发现，箱鲀凹凸不平的表面是高度流线型的。梅赛德斯－奔驰仿生概念车在外形和结构上都以箱鲀为蓝本，从而实现了符合空气动力学的高效和轻质的结构形态。

# SURFACE

表皮

本章探讨了自然界中的各种表面纹理，以及生物的外表形态何以成为对其生存至关重要的特性。在设计美学和人体工程学方面，光滑、反光、粗糙、凹凸等纹理特征固然发挥着重要作用，但是生物学为我们提供了一个全新的认知角度——纹理还可以作为产品优化的基础。本章将展示为什么在生物学中微小的凹凸比平坦光滑的表面更受青睐，以及如何利用纹理的尺度和设计实现资源的优化利用，并为产品赋予多功能特性。

# 鲨鱼表皮 ｜ 超功能质感

减阻特性 ｜ 抗菌防粘连表面

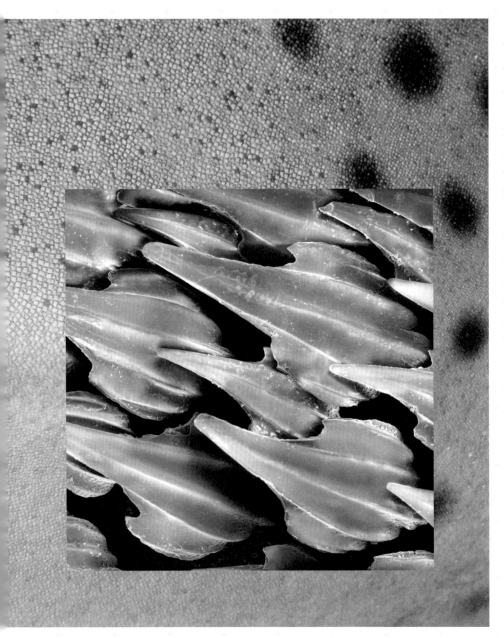

鲨鱼皮特写，皮质鳞突的微观细节（中间插图）

鲨鱼是地球上最危险的食肉动物之一，其数千年来演化出的特有行为和手段使得它们具有超凡的隐蔽性、速度和力量。鲨鱼通常会跟踪猎物，花大量时间绕旋、观察猎物，这是一种相对低能量的活动。然而，某些种类的鲨鱼在捕杀猎物时，速度可以在短时间内骤增至惊人的 50 千米 / 时，这种策略通常会让猎物感到惊愕并措手不及。

水流经物体表面时，受到的摩擦力会导致水的流速降低。流过物体表面的水速和原有的水速之间的差异，会在阻力产生的地方形成涡流现象。有鳞鱼进化出了一种辅助机制：在体表周期性地分泌一些滑溜溜的黏液，以有效减少水下摩擦产生的阻力，并防止皮肤磨损，同时，这种物质还可以防止微生物黏附在鳞片上（如生物淤积等），从而抵抗寄生虫或疾病。

虽然鲨鱼和许多水中生物一样，身体是柔软的，但它们的体表没有鳞片。所以，鲨鱼进化出了一种极其简单而精妙的控制阻力的结构——它们身上覆盖的不是鳞片和黏液，而是皮质鳞突，一种微小的鳞片状皮肤结构。鳞突的大小和形态与鲨鱼种类有关，一般呈齿状，具有与水流方向一致的沟槽纹理。当水流经过鲨鱼体表时，鳞突可以引导水流，控制水流的速度和方向，从而最大限度地减少涡流的产生，这样就可以有效地减小阻力。如果鲨鱼的身体是光滑的，鳞突扁平如鱼鳞一样，水流经过其体表

一名游泳运动员，身穿用仿皮质鳞突质
感的纺织品制作的全身泳衣

周围就会产生巨大的涡流，进而影响它
们的游速。

## 飞行减阻

　　飞机和轮船的被动减阻技术一直是
一个备受关注的领域，因为它可以有效提
高燃料效率。2013 年夏天，德国最大的
航空公司——汉莎航空开始了一项为期
两年的试验，在两架空客 A340-300 喷气
式飞机的机身和机翼前缘涂上八块 10 厘

米见方的"鲨鱼皮"涂层，以测试鲨鱼皮
表面对飞行产生的作用。这种新型聚合物
涂层由位于不来梅的弗劳恩霍夫制造技
术与先进材料研究所（IFAM）开发，能
够在金属表面上形成类似皮质鳞突的结
构纹理。据估计，如果 40% ～ 70% 的飞
机表面覆盖了这种涂层，可减少 1% 的
燃油消耗，这意味着汉莎航空每年可节
省约 90 000 吨燃料。

## 游得更快

　　如果有一件神奇的泳衣，穿上之后
能够减少身体和水之间的摩擦阻力，让人

游得更快，那该有多好！20 世纪 80 年代
末以来，泳装公司 Speedo 一直在探索如
何减少泳装纺织品在水中产生的阻力，并
于 2000 年成功推出了 FastSkin 泳衣，这
款全身泳衣的外表质感如鲨鱼的皮质鳞
突般。在悉尼奥运会期间，身穿 FastSkin
泳衣的运动员打破了 15 项纪录中的 13
项，揽获 83% 的奖牌。然而，仿生学界
对这项技术是否对游泳运动员产生了真
实有效的影响还颇具争议，因为人体的
形状和结构与鲨鱼非常不同，游泳的方
式也非常不同。目前，尚不清楚提高成
绩的根本原因到底是泳衣的表面纹理还

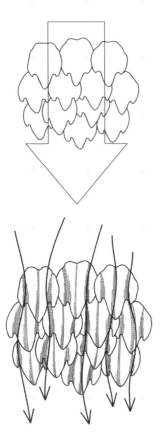

**顶图：** 在平坦表面上流动的水会产生较强的阻力

**上图：** 当这片水被微小的鲨鱼鳞突分割时，它会被切分成更小的水流，从而最大限度地减少阻力

**右图：** Sharklet 抗菌材料的扫描电子显微镜照片，其表面结构的灵感来自鲨鱼的皮质鳞突，可以应用在日常接触的洗手间门和马桶把手上，也可以用在医疗设备和其他无菌设备上

**右下图：** 受鲨鱼皮启发而设计的机身表面涂层

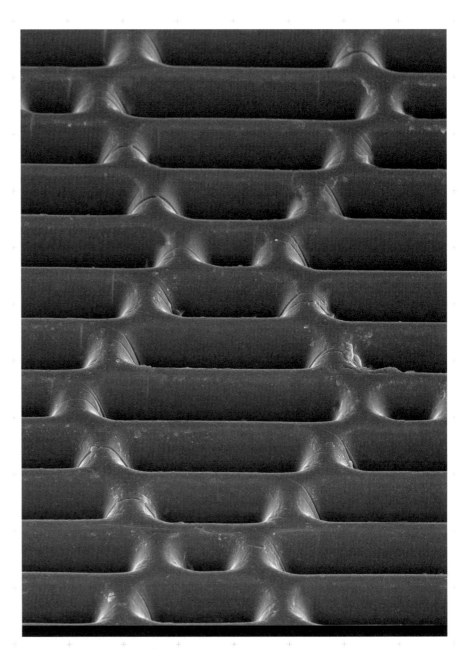

是泳衣的紧身性（因为它在体脂率较高的运动员身上表现最好，而对身材较瘦的运动员几乎没有影响），但在国际泳联允许运动员使用这种泳衣的 2008 年至 2009 年，共有 300 多项纪录被打破。如今，在竞技比赛中已不允许再使用这种类型的泳衣了。

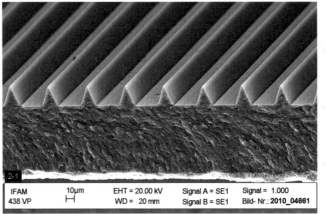

上图：公牛真鲨

右图：使用加压水枪去除搁浅船只的船尾和螺旋桨上的生物污垢

## 防污纹理

　　和其他鱼类体表分泌的黏液一样，鲨鱼的皮质鳞突也能防止生物淤积，但它的防污机制与黏液不同，是通过鳞突的结构形状和间距实现的。医疗、航空和航海等多个行业对这一特性都非常感兴趣。例如，轮船需要使用有毒油漆来防止生物淤积，而且经常需要将船只从水中移走并重做船体表面，比较耗时耗力。如果可以通过船体表面的纹理设计达到被动防污的效果，那么成本和对环境的影响将会显著降低。目前，已设计出了多种微观尺度的表面纹理，只需要通过防止物质黏附，就可以有效提升被动抗菌性能。

# 牛蒡 | 魔术贴（尼龙搭扣）

钩状种子散布机制    自由开合的钩环固定方式

牛蒡籽荚，以及具有类似钩子的弯曲尖
端的局部放大图（插图）

植物无法移动，为了确保最大的发芽机会（从而实现繁殖），大多数种子需要尽可能远离母株，以避免争夺水分、阳光和养分。因此，植物演化出了各种各样的种子传播机制，一些依赖于风，另一些则依赖于动物的食用，还有一些则是通过"搭便车"来传播，牛蒡就是这样的例子。牛蒡是一种开花的蓟，叶子可以长到 70 厘米长。牛蒡不结果，因而也不会被大多数动物当作食物，但它可以依靠与人类和动物的接触来传播种子。当人或动物接触它时，带着刺毛的种子就会附着在衣服或皮毛上，就这样"搭便车"离开母体植物。

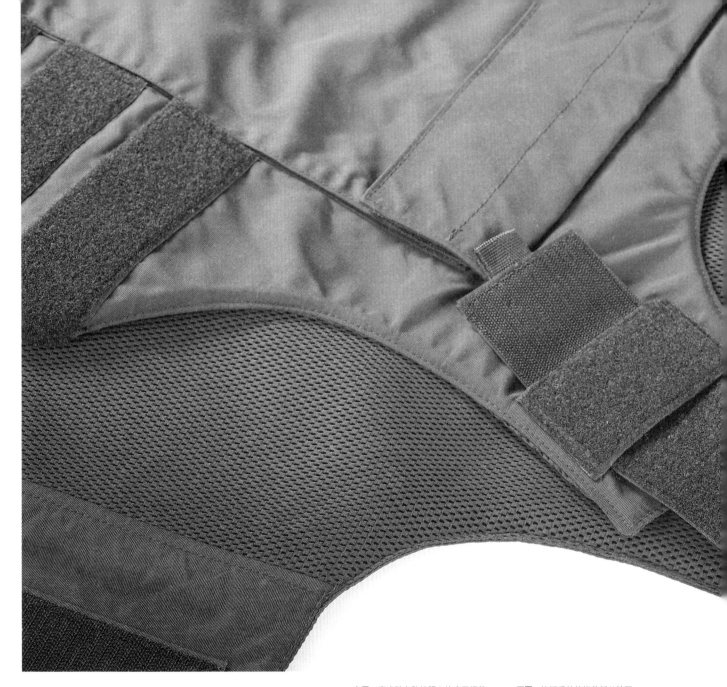

上图：魔术贴在防护服上的应用细节 　　下图：钩环系统的扣件部分特写

## 魔术贴

　　1941 年，热爱登山的瑞士电气工程师乔治·德·梅斯特拉尔（George de Mestral）想弄清楚，为什么在山上散步后很难去除衣服和狗毛上牛蒡的毛刺。他用显微镜对牛蒡毛刺进行简单观察后，发现每根毛刺末端都有一个弯曲的尖头，

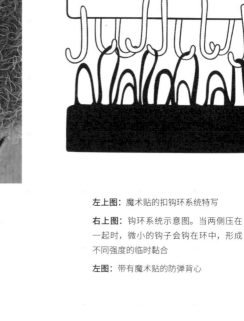

类似于钩子。梅斯特拉尔发现这是一种极具商业潜力且不需要胶水的自由黏合系统，于是他开始与法国一家纺织厂合作，试图将牛蒡的毛刺结构转化为纤维钩环纺织品扣件（现在市面上的魔术贴）。

第一批扣件的原型是由棉花制成的，但这种扣件经过几次开合后黏合性就大大降低。梅斯特拉尔用新发明的尼龙丝取代棉花，提高了扣件的耐用性和重复黏合性。

梅斯特拉尔于 1951 年申请了专利，并于 1955 年获得批准，其第一个重要的商业应用是在太空服上，后来也用在了滑雪服和其他运动服饰中。如今，魔术贴的钩环系统被广泛应用于从童鞋到防护服的各个领域。

**上图：** 牛蒡籽荚

**下图：** 带有魔术贴的运动夹克

# 壁虎脚 | 超强黏性纹理

抗重力黏附　　不需要胶水的黏附

从下面看一只壁虎，以及壁虎脚顶部的特写（小图）

上千年来，观察者和科学家一直感到困惑，壁虎为什么可以毫不费力地爬上墙壁和天花板，似乎不受重力的影响。答案显然藏在这种爬行动物的脚上，但直到强大的显微镜出现之后，这种神奇特点背后的奥秘才开始慢慢揭开。科学家们透过显微镜观察了壁虎趾垫的结构，发现在其表面覆盖着约50万根微型毛发，或者说刚毛，每根毛长30～130微米（1毫米=1 000微米），而其尖端又分布着数百个突出的扁平勺状结构（学名铲状匙突），直径为0.2～0.5微米不等。

20世纪90年代，科学家团队首次尝试测量壁虎脚的黏附力，最终得出结论：6.5平方厘米的刚毛可以拉起6.6千克的重量。粗略地说，这意味着一百万根刚毛黏附在一个十美分的硬币上，差不多能够拎起一个小孩。人们对这里面的机制进行过一系列的假设，但直到2000年，由俄勒冈州波特兰市刘易斯克

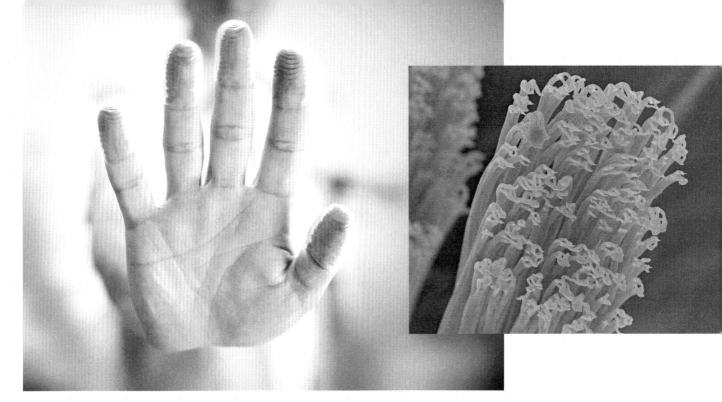

拉克学院的凯拉·奥特姆（Kellar Autumn）和加利福尼亚大学伯克利分校的罗伯特·福尔（Robert Full）领导的一个美国科学家团队才最终测量出单个铲状匙突的黏附力，并推断出壁虎趾垫强力黏附的真正原因。通过二维微电子机械传感器，该研究团队发现，每个铲状匙突可以产生约 0.000194 牛顿的力（拎起一个中等大小的苹果需要约 1 牛顿的力），这种极其微弱的力只能是范德瓦尔斯力（van der Waals）（分子间的作用力）。壁虎每走一步，都会对自己的趾垫施加压力，让趾垫上的刚毛和接触面之间产生微弱的范德瓦尔斯力，而刚毛整体的黏附力通过计算后为每平方厘米 3～20 牛顿，这个力远远超过了壁虎自身重量范围。

这些科学研究还表明，壁虎脚的切换黏附性（开启 / 关闭黏附力）的机制是，当壁虎的脚向下按压便可以黏附在接触面，当脚趾在接触面向上卷曲时，就"关闭"了刚毛和接触面之间的黏附力。壁虎脚上刚毛的数量之多，足以将这种微弱的范德瓦尔斯力转化为一种巨大的抓握力，刚毛远离接触面时抓握力就会消失，在这样交替的作用下，壁虎便可以轻松地在墙壁上行动了。

**左上图：** 艺术家对壁虎黏附力技术潜在应用的想象：在人类手指上使用合成壁虎指尖，使人能够直接在一个平坦的表面上攀爬

**左下图：** "壁虎"胶带表面微观纹理

**右上图：** 壁虎脚趾上的铲状匙突特写

**右下图：** 铲状匙突与接触面通过分子间作用力（范德瓦尔斯力）连接

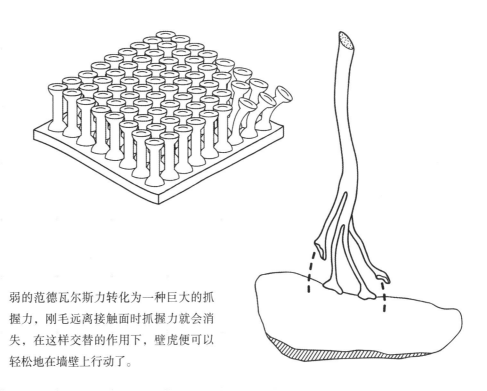

### "壁虎"胶带

英国曼彻斯特大学和俄罗斯科学院微电子技术问题研究所联合组成了一个国际研究小组，共同开发了一种纳米制造工艺，能够将细微的毛发固定在用聚酰亚胺（一种强度高、重量轻的聚合物）制成的胶带上，使胶带与壁虎刚毛具有相似的黏合力。这种方法比使用电子束光刻（一种3D打印形式）更便宜，更快捷，也更简单，并且具有潜在的商业生产价值。胶带雏形已能够多次反复黏合、拆离，但团队仍担心其耐久性，正进一步探索聚酰亚胺的替代材料，如角蛋白（壁虎刚毛的关键成分）。这种干式黏合剂的问世可能会对设计行业产生重大影响，因为魔术贴的外观和美学特性限制了它的潜在应用，而干式黏合剂可能成为一种隐形替代品。

### "壁虎皮"面料

马萨诸塞大学阿默斯特分校的教授阿尔·克罗斯比（Al Crosby）和邓肯·J.伊尔西克（Duncan J.Irschick）结合跨学科知识和技术共同开发了"壁虎皮"面料。

**100 µm**

**顶图：**"壁虎皮"面料

**上图：**壁虎刚毛的特写

**右图：**壁虎的脚趾从接触表面翻卷起来，能够"关闭"脚掌的黏附力

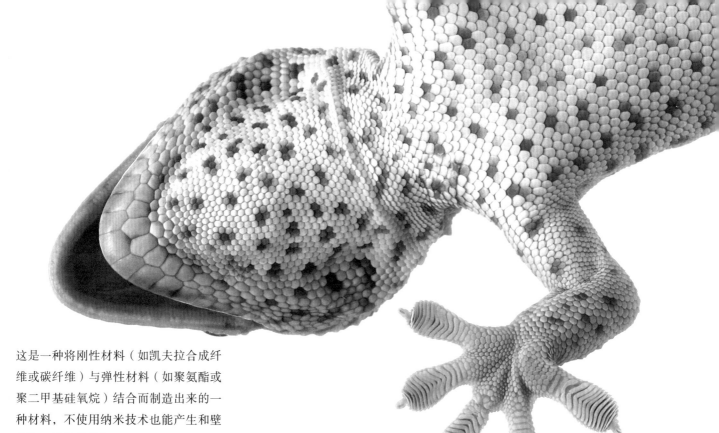

这是一种将刚性材料（如凯夫拉合成纤维或碳纤维）与弹性材料（如聚氨酯或聚二甲基硅氧烷）结合而制造出来的一种材料，不使用纳米技术也能产生和壁虎脚一样的黏附力。

**上图：**壁虎脚趾上的刚毛形成一排排薄片或脊

**左图：**实际应用中的"壁虎皮"面料——不需要胶水便可承受非常大的重量

**下图：**壁虎刚毛的特写

Vac-High　PC-Std.　15 kV　x 90　━━━ 200 μm　001380
Gecko Toe

# 莲叶 | 莲叶效应

超疏水自清洁特性 | 自清洁表面

予独爱莲之出淤泥而不染。

——周敦颐（1017—1073），中国理学家

莲叶表面的水滴

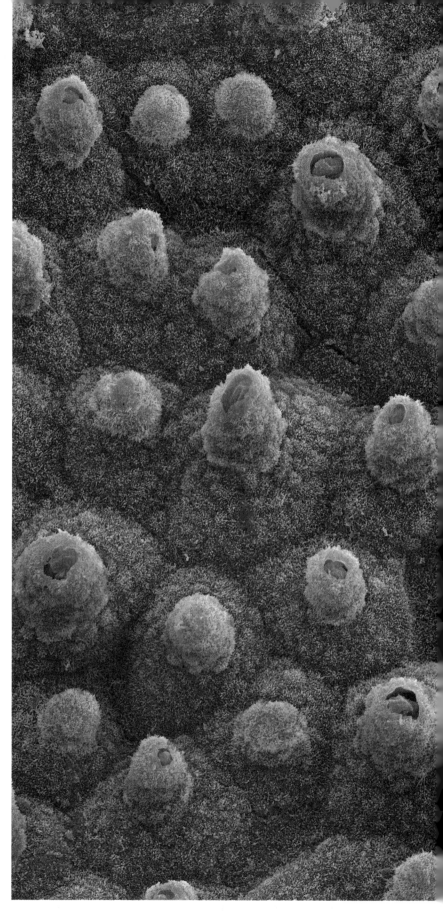

莲叶表面的扫描电子显微镜照片。荷叶顶部的微观构造比自然界中任何其他材料都具有更好的疏水性

　　莲在东方文化中有着神圣的地位，因为它出淤泥而不染，象征着纯洁、不执和神圣之美。人们一直对莲叶的这种在泥泞的环境中仍能保持洁净的非凡能力感到疑惑不解，直到20世纪70年代初，扫描电子显微镜的发明才揭开这个谜底。由德国植物学家和仿生学专家威廉·巴特洛特（Wilhelm Barthlott）领导的一个团队使用扫描电子显微镜观察研究了莲叶的表面结构，发现荷叶表皮角质层质感比较粗糙，是因为其表面覆盖着高10～20微米、宽10～15微米的凸起，且每个凸起的顶部还有一种表皮蜡状晶体——一种近似圆锥体的蜡质构造，顶端呈圆形，高度为1～5微米。

　　尽管表皮的蜡状物质具有天然疏水性，但那些凸起和其上的蜡质构造才是其具有超疏水自清洁功能的原因。首先，这种特殊的纹理和空气层相结合会形成一个低能量的复合表面，能够防止水滴扩散并使其聚拢成球形，这样水滴便可以在叶表滚动。其次，蜡质构造之间的距离比脏污物质的颗粒要小，因此，这些大的脏污物质的颗粒只能在蜡质构造顶部存在，远离了叶片本身的表面，当有水滴沿着叶表滚动时，它便会吸附并带走这些脏污物质的颗粒，从而实现叶片的自清洁。巴特洛特和他的团队将这种特性称为"莲叶效应"。

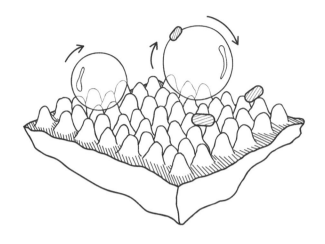

## 自清洁涂料和纺织品

　　一种名为露珠仙（Lotusan）的自清洁涂料是莲叶效应的首次工业应用。该涂料形成的表面微观结构在形式和规模上都类似于莲叶表面的蜡质构造，复制了莲叶的超疏水性，使涂刷过该涂料的墙面能够在降雨期间进行被动式自清洁，从而大大降低了维护需求。

　　在纺织行业中，被动清洁和防污技术有很多应用机会。目前，纺织品中常用的特氟龙等涂层是用硅酮或有机氟化合物制成的，其具有超疏水自清洁性能，但缺点是这种工艺需要用有毒的材料且能耗很高。利用等离子处理技术对纺织品表面进行加工处理，可以实现真正的莲叶效应，这种工艺能耗较低且无须使用刺激性的化学物质，只是目前成本比较高。

**左上图**：微观视野下叶片表面的水滴和污垢颗粒示意图

**左中图**：涂有露珠仙涂层的墙面上的水滴，从图中能清楚地看到自清洁效果

**左图**：莲叶表面的水滴

**对页图**：经过表面处理后具有莲叶效应的衬衫表面的水滴

# 大闪蝶　摩尔纤维技术

结构色　　无颜料的彩色纺织品

　　人类通过光谱与眼睛中的光受体的相互作用来感知颜色。在生物学和技术领域中，产生颜色的最常见机制是使用色素。色素是一种小颗粒材料，通过吸收特定波长的光来改变透射光的颜色。起初，人们从植物和矿物等自然资源中提取色素，并将其与液体混合或制成糊状物，以制造染料、油漆等。现在有赖于化学的进步，我们已经拥有大量适用于新型合成材料的人工色素。色彩的运用在创意产业中至关重要，而且已深深植根于文化和社会中：人类使用色素对纺织品进行染色的历史可以追溯到5 000多年前。然而，今天的纺织品和其他人造产品的工业着色却是一种毒性很强且不可持续的做法。

　　在动物和昆虫界还有一种常见的创造颜色的方法，被称为结构着色，即不使用色素，而是利用各种光学机制来创造颜色。这种颜色被称为结构色。结构色不是通过吸收光线的微粒直接反射产生的，而是通过生物的鳞片、羽毛或外壳的微观结构对反射光进行干扰后产生的。南美大闪蝶的翅膀独有的亮蓝色，便完全是由表面微观结构产生的，而不是色质。其翅膀上覆盖着微小的鳞片状甲壳素（一种纤维状物质），形成类似于树木阵列的表面微观结构。这种排列形成的表面纹理可以反射光线，并将光线分散至不同的方向。甲壳素阵列之间的

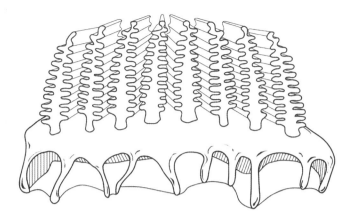

**对页图：**一只大闪蝶翅膀的蓝色纹理放大图，以及大闪蝶全貌（插图）

**左图：**大闪蝶翅膀鳞片表面的微观结构示意图

**下图：**蝴蝶翅膀鳞片的特写

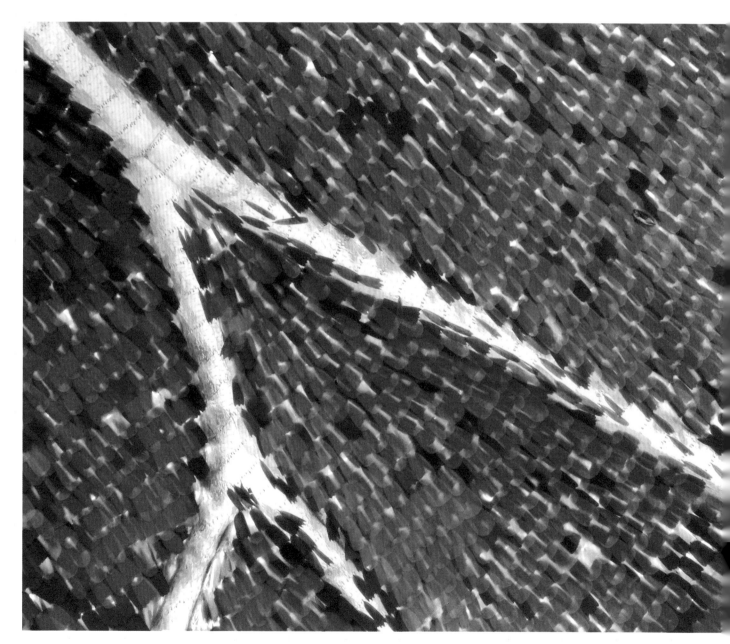

距离最终决定了翅膀表面形成亮丽炫目的蓝色。

## 结构色纺织品

摩尔纤维（Morphotex）技术是第一种利用微观结构而非色素和染料来产生色彩的商用纤维技术，由日本帝人株式会社开发。受大闪蝶翅膀表面纹理的启发，该公司的研究人员设计出了一种由61层交替排列的尼龙和聚酯纤维组成的材料，以模仿大闪蝶翅膀上的树木阵列形纹理。这样，无须使用任何颜料，只改变纹理的凸脊之间的距离，就可以产生蓝色、绿色和红色等基本颜色。这项技术可以代替纺织品制造中传统的颜料染色工艺，也减少了有毒有害危险品的使用。

**右图：**唐娜·斯格罗使用摩尔纤维制成的连衣裙

**下图：**阳光下的颜料（尼泊尔加德满都）

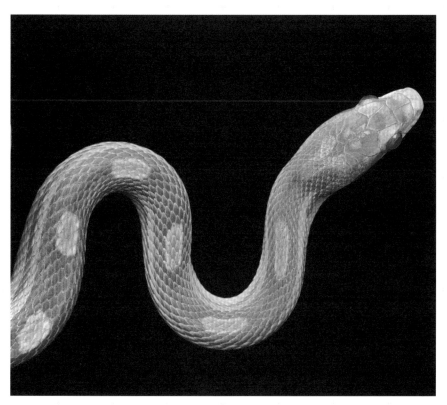

唐娜·斯格罗（Donna Sgro）是悉尼的一位以实践为主导的研究人员兼时装设计师。2009 年，她为日本星迈计划项目（Shinmai Creator's project）制造了第一件使用摩尔纤维技术的结构色衣服。遗憾的是，因为市场需求量较少，摩尔纤维目前还没有进行商业化量产。

**左图：** 杂色玉米蛇多彩的表皮颜色

**下图：** 一朵兰花的特写

# 海星叉棘

主动自清洁和防御表面

# 具有主动抓握能力的结构

高级智能表面

海星有一层坚硬的外皮，由碳酸钙板组成，上面长满了细小的刺，可以保护它们免受捕食者的伤害

**上图：** 橙色海星的腕细部

**下图：** 海星叉棘打开和关闭的构造示意图

　　海胆和海星等棘皮动物的身体覆盖着细小的爪形结构，这种被称为"叉棘"的结构能避免藻类和其他壳类生物附着在生物体表面，并能对有害生物和捕食者起到威慑作用。这些细小的爪子能感知危险物体的存在，并做出反应，紧紧抓住它们。

　　棘皮动物的叉棘由位于杆状结构顶部的三个齿状钳口组成。杆顶有一块特殊肌肉控制着钳口的开合，闭合时，钳口内通常会形成一个空腔，但具体取决于种类。叉棘结构宽度为250～500微米，高度为500～1 000微米。

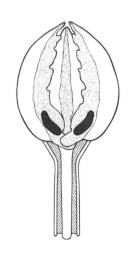

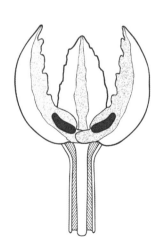

## 有抓握结构的表面

来自英国华威大学和伯明翰大学的科学家联合复制了这一机制，通过使用专业的柔性树脂和微立体光刻技术创造了一种具有主动抓握结构的表面。微立体光刻技术是一种基于3D立体光刻的先进的增材制造技术，能够在微观尺度上制造非常复杂的三维结构。该种基于叉棘结构设计的抓握结构表面有一系列四齿钳口，四个齿形结构从悬浮在钳口腔室上方的膜上伸出，其下方的腔室可以充入空气或水来控制钳口的开合。该抓握结构系统还被设计为可以操作的模式，在打开的钳口中心施加压力时，钳口就会闭合或开启。该团队已经将这种类型的抓握结构表面应用在医疗行业的许多地方，如低成本的一次性医疗设备、医疗保健和工艺自动化微型机器人，以及部分家用产品的功能性表面上。

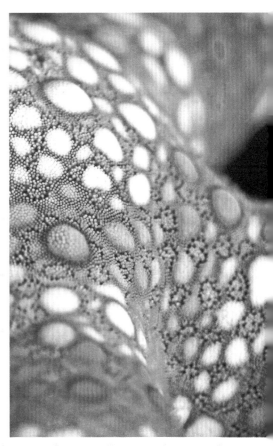

b)

c)

Acc V  Spot Magn  Det WD  200 μm
10.0 kV 6.0  100x  SE  22.0

**上图**：具有主动抓握结构的表面原型，由华威大学和伯明翰大学的科学家以特殊柔性树脂为材料，利用微立体光刻技术制造

**顶图**：艺术家绘制的微观抓握表面的图像

**右图**：海星细部

# 叶片气孔

植物呼吸

# 吸入性材料

透气性纺织品

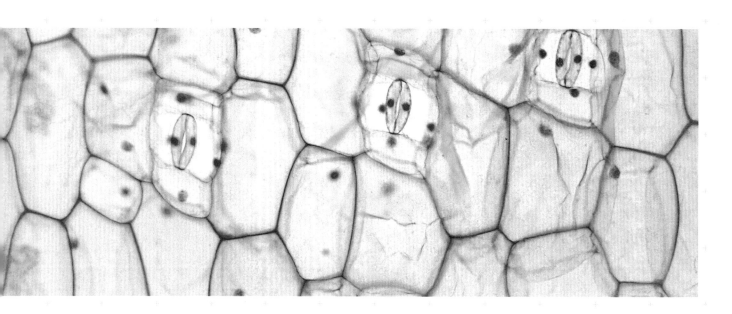

植物通过叶片表皮上微小的气孔呼吸，这些气孔大多位于叶片的下表皮，与植物的生存和生长密切相关。气孔的打开和关闭可以让植物和环境之间进行二氧化碳、氧气和水蒸气等气体的交换。当气孔打开时，光合作用的重要成分二氧化碳会从环境中扩散到叶片中，而与此同时，水蒸气也会从叶片中扩散到周围的空气里，这一过程被称为蒸腾作用。

关于气孔仍然有很多未解之谜，但迄今为止我们可以确认的是，除了一些生活在沙漠的植物外，气孔通常在阳光的照射下打开，在黑暗中关闭；在叶片内二氧化碳浓度较低时打开，而在浓度较高时关闭。气孔的开合也会受到温度、湿度等其他环境因素的影响，与周边空

气中二氧化硫和臭氧的含量也有关。

每个气孔的打开和关闭都由两个保护细胞来控制，它们是各个气孔周围的特化表皮细胞。保护细胞的内部压力变化会影响气孔开放的程度：内部压力高会导致保护细胞膨胀，气孔开口变大；内部压力低则会导致保护细胞收缩，气孔关闭。

**上图：** 显微镜下紫露草叶片表面的气孔

**下图：** Stomatex 面料结构示意图，这种气孔气体交换原理可应用于高性能服装

**对页图：** 显微镜下的绿叶表面气孔

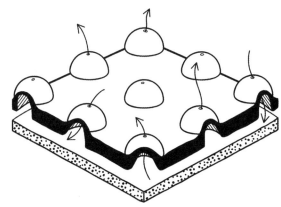

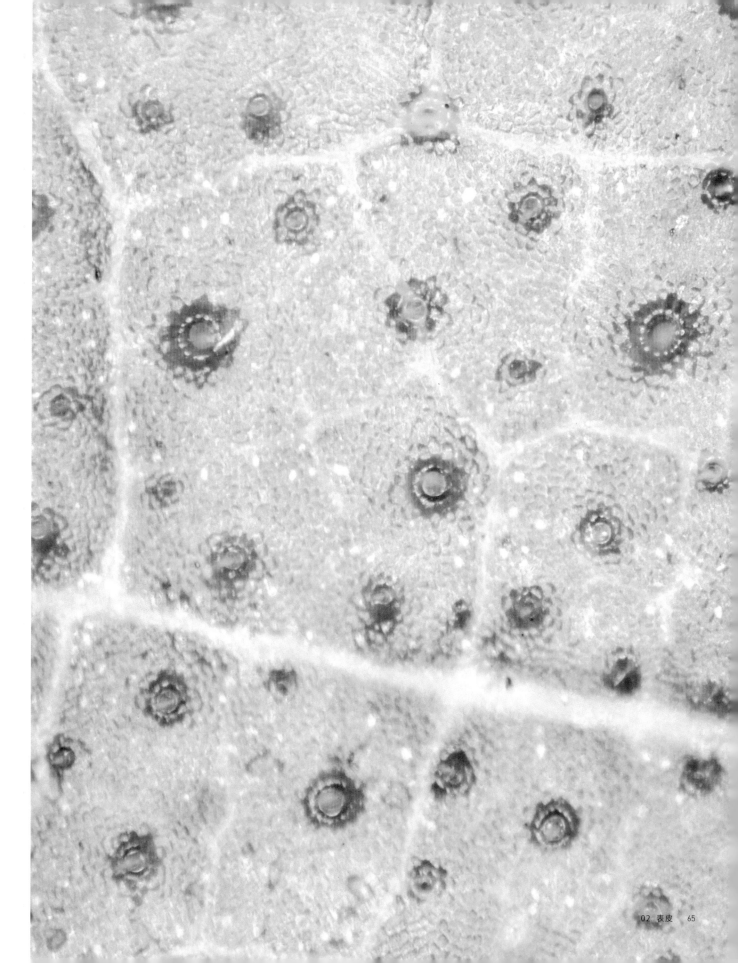

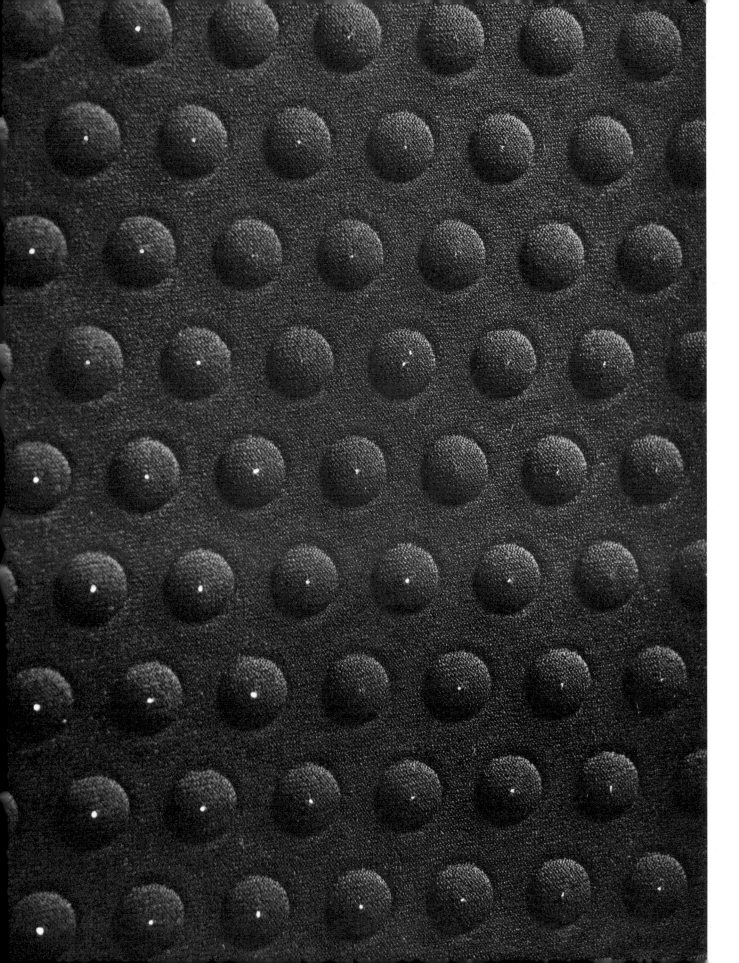

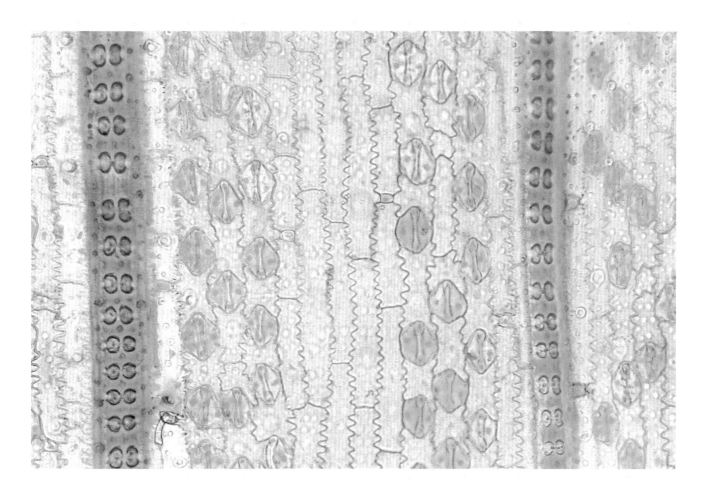

上图：水稻叶片气孔放大图

右图：Stomatex 面料在运动服中的应用效果图

对页图：Stomatex 面料的特写，显示了类似于植物气孔的微小半球形腔室

## 排汗纺织品

　　气孔的透气功能激发了 Stomatex 面料的开发灵感，该面料由氯丁橡胶制成，是一种高性能的复合织物，通常用于制作紧身服装，如潜水服。

　　Stomatex 面料的开发旨在利用气孔的气体交换原理，调节皮肤和织物之间的微气候环境。通过在织物中引入独特的半球形腔室，并让每个腔室的中心都有一个小孔，织物表面具备了类似叶片气孔特有的散发水蒸气的能力。穿着此类织物的人在运动过程中会弯曲和拉伸这些腔室，身体产生的多余热量和汗液会先聚集在腔室中，然后变成水蒸气通过小孔散发出去。通过这种类似蒸腾作用的方式，温暖、潮湿的空气就能以受控的方式排出，凉爽、干燥的空气也能从外部进入，在贴身处形成令人舒适的微气候。目前，这种织物的应用包括在炎热、潮湿气候下运动员备赛时使用的热适应服，以及整形外科使用的设备。

## 魔鬼蜥蜴 ｜ 被动式集水与分水
表皮水力学 ｜ 动态液压表面

左图和对页图：魔鬼蜥蜴

上图：魔鬼蜥蜴的被动式配水机制图解

魔鬼蜥蜴（学名澳洲刺角蜥）生活在澳大利亚中部沙漠极其恶劣、干燥的环境中，主要以蚂蚁为食。这种蜥蜴的生存秘诀在于其特有的"荆棘"表皮：周身遍布细长的尖刺般的鳞片。除了作为有效抵御捕食者的防御机制，这种表皮结构还有一个非同寻常的功能，能够使蜥蜴直接从雨水、露水、小水坑或土壤水分中被动地收集所需的全部水分，并对抗地心引力进行输送，无须借助任何泵送装置。这是因为魔鬼蜥蜴的表皮尖鳞之间，有由一道道5～150微米宽的半封闭沟槽组成的循环系统，这些沟槽可以吸收水分，并利用毛细作用将水分运送到蜥蜴的口中。

### 水资源管理

被动式集水和配水的潜力是巨大的，这种技术可以在干旱或者持续缺乏安全供水的时期，为生活在极端条件下的数十亿人提供清洁的水。利用该技术的建筑可以在没有水泵的情况下管理水流，从而降低能源消耗，并通过表面蒸发降温，而不用传统的高能耗空调系统来控制调节内部温度。

# 纳米布沙漠甲虫　｜　雾露采集

沐雾　　　　　清洁淡水采集纹理

纳米布沙漠甲虫在沐雾

位于非洲西南海岸的纳米布沙漠是地球上最热、最干燥的地区之一，年降水量不足 15 毫米。这种极其恶劣的环境却是世界上最神奇的昆虫之一——纳米布沙漠甲虫的家园，因为它们能够在几乎没有任何形式可见水源的环境中获取水分。

它们之所以能够在这样的环境中生存，与其行为和体表形态有关。其硬化的前翅外壳带有独特的微观凹凸纹理：直径 100 ~ 500 微米的凸起部分具有亲水性；宽 500 ~ 1 500 微米的凹陷部分覆盖着蜡质材料具有疏水性。在凹陷部

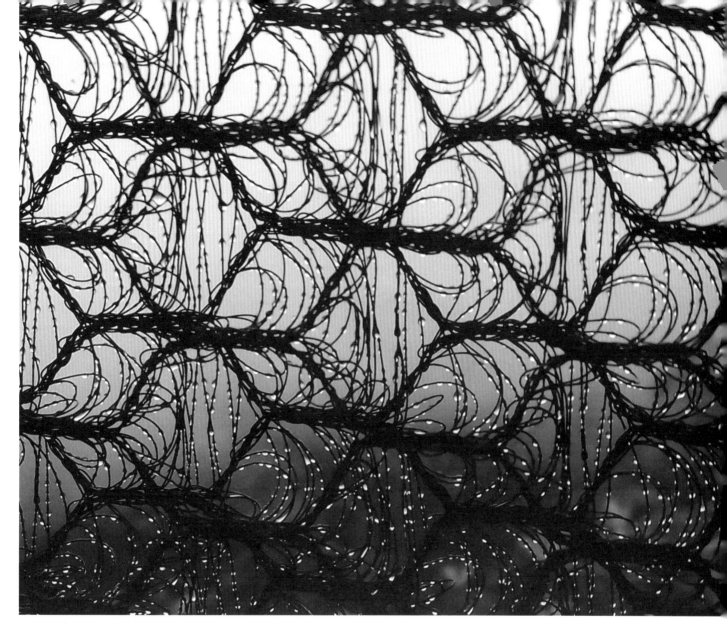

捕雾网表面有疏水区和亲水区

分的蜡质涂层下有排列成六边形的微小半球形组织，蜡质涂层和六边形纹理共同形成了一条超疏水通道。

南大西洋的夜间和清晨经常出现浓雾，此时纳米布沙漠甲虫会迎风而动，将尾部翘向天空，这种行为被称为"沐雾"。雾是由飘浮在空气中直径为 1 ~ 40 微米的微小水珠形成的，在"沐雾"时，甲虫外壳的亲水部分会吸附大量的微小水珠，这些微小水珠会不断汇聚成水滴，当水滴直径达到 4 ~ 5 毫米的时候，就

会滴落到疏水性的凹槽内，再顺着凹槽流到甲虫的嘴里。

## 雾的采集

雾的采集为实现清洁、安全的供水提供了一种前景广阔的方法。使用从雾中提取清洁水的设备可以追溯到 20 世纪 90 年代，人们在围栏上展开大面积的网状织物来捕获雾滴，但这些捕雾网效率很低，无法提供足够的水量。

麻省理工学院的化学工程师什雷

朗·恰特雷（Shrerang Chhatre）将他对材料润湿性（吸收或排斥液体的倾向）和纳米布沙漠甲虫的研究相结合，试图提高传统雾采集装置的效率。恰特雷意识到，新的雾采集装置的表面必须是亲水区和疏水区的组合，就像纳米布沙漠甲虫外壳的微观纹理一样。于是，恰特雷和他的团队模仿甲虫的背部纹理开发出了一种带有综合表面的雾采集装置，其效果是上一代装置的数倍，有望应用于干旱地区和受灾地区，甚至摩天大楼的顶部。

## 自动装水的瓶子

NBD 纳米科技公司是由美国波士顿学院的两名毕业生德克尔·索伦森（Deckard Sorenson）和米格尔·加尔维斯（Miguel Galvez）创立的，他们希望模仿纳米布沙漠甲虫的外壳，制造出世界上第一个可以自动灌装的瓶子。在麻省理工学院化学家安迪·麦克提格（Andy McTeague）的帮助下，他们利用纳米技术创造了一种材料，可以优化冷凝水的收集。该团队表示，在湿度为 75% 的地区，这项技术每小时可以在每平方米范围内收集 3 升水。

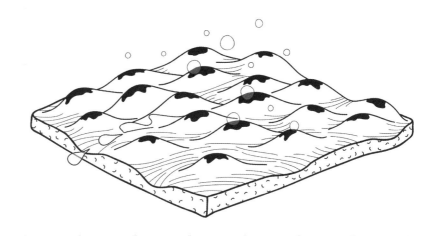

# STRUCTURE

结构

本章深入探讨了在仿生原理下材料如何为设计带来新的可能性。自然界中构成生物的原材料是有限的，主要就是两种聚合物——蛋白质和多糖，它们不仅参与构成了所有生物系统的组成部分，而且使生物体具有生存所应具备的各种特性和功能。虽然原材料种类有限，但大自然演化出了一种巧妙的生物设计方法——多重结构层次（构成生物体的结构元素，其本身由更小的结构元素组成，依此类推），不必依靠原材料的化学性质，而是通过原材料在结构层次中的组合，使生物体具有复杂且多功能的特性。

相比之下，我们则主要依靠材料的固有性质来使产品具有一定的特性，如强度和弹性。如果需要提高桥梁的强度，我们就会使用更坚固的钢材或更多的材料，很少会使用相同的材料去反思设计。现如今，我们拥有300多种商用聚合物来制造各种产品，其中许多来自日益枯竭的自然资源，而且需要大量的能源和有毒工艺才能生产，但最终这些产品会被填埋于地下。

1993年，美国威斯康星大学的罗德里克·拉克斯（Roderic Lakes）对人造结构体中的结构层次进行了一项重要研究。在这项研究中，拉克斯将埃菲尔铁塔与传统摩天大楼的设计进行了比较。埃菲尔铁塔由18 000多个构件组成，这些构件全都是用螺栓和铆钉连接在一起的，较小的横梁用螺栓连接在较大的横梁上，最终组装成的这座塔一共具有三个结构层次。与此不同的是，传统的摩天大楼框架是单阶分层设计，其中的梁都是用螺栓垂直连接在一起的。于1889年建造的埃菲尔铁塔是由铁这种材料建成的，其强度比现代的钢要弱得多，该铁塔落成后，批评者认为其使用的材料强度太低，无法支撑结构的重量，最终会导致铁塔倒塌。然而，拉克斯比较这两座建筑的相对密度后发现，与使用更坚固的钢材而结构相对简单的现代摩天大楼相比，埃菲尔铁塔仅使用数量是其五分之一的低强度材料便支撑起自身的重量。大自然向我们展示了分层设计是如何产生高级、复杂的表现形式的。

# 巨型芦苇茎　技术杆件

以极少材料实现强大结构　超强的编织梁架

一名法国农场工人正在收割成熟的芦竹，
芦竹茎被放在种植园里烘干（插图）

巨型芦苇（学名芦竹），可以长到6米高，但只有2厘米宽，宽高比约为1∶300。其茎是中空的，由纤维素和木质素构成。这种结构既轻巧又坚固，能够承受强大的结构负荷（如风荷载）。巨型芦苇用极少量的材料，创造出了一个极为坚固又轻巧的超级结构。另外一种具有类似特征的植物是马尾（学名木贼）。

2006年，在德国南部登肯多夫市的纺织技术与工艺工程研究所（ITV），马库斯·米尔维奇（Markus Milwich）带领的仿生学科学家团队发现，马尾和巨型芦苇的结构是开发具有高抗弯性轻质梁架的有效模型，并设想将其应用于建筑领域。

在建筑工程中，当大部分材料位于尽可能远离中心的位置时，建筑的抗弯性最强，这就是人们所熟知的空心梁原理，但是，我们通常仍倾向于依靠钢材的固有强度来保证梁的强度。然而，钢铁是一种有限资源，加工钢材需要高温高压，能耗巨大，而且通常不是在本地生产。

研究团队对马尾草茎进行的解剖学研究和功能分析表明，其非凡的结构强度特点源于纤维素和木质素在表皮中的排列方式。观察马尾草茎的横截面，可

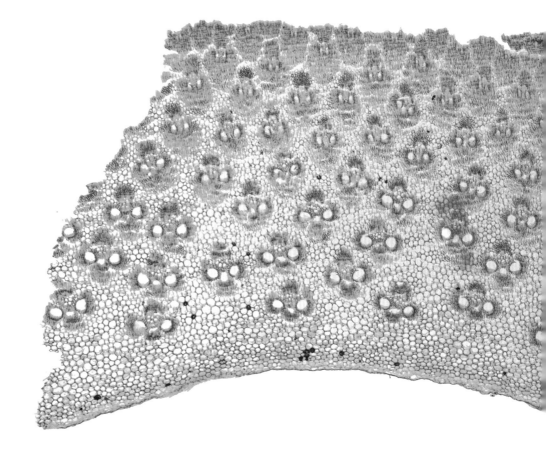

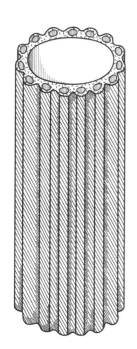

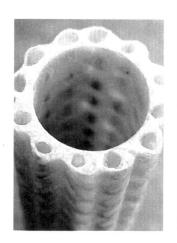

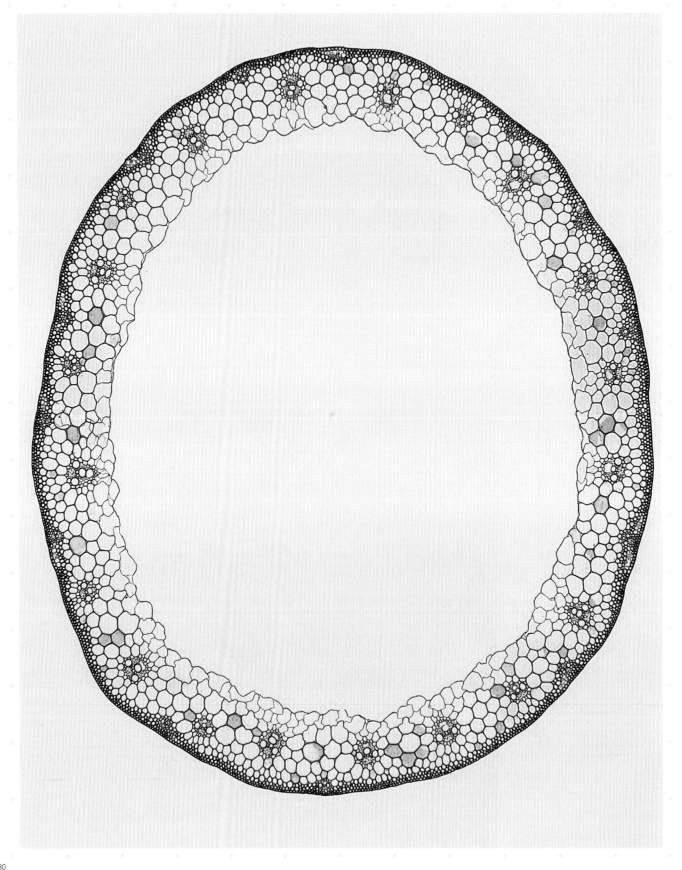

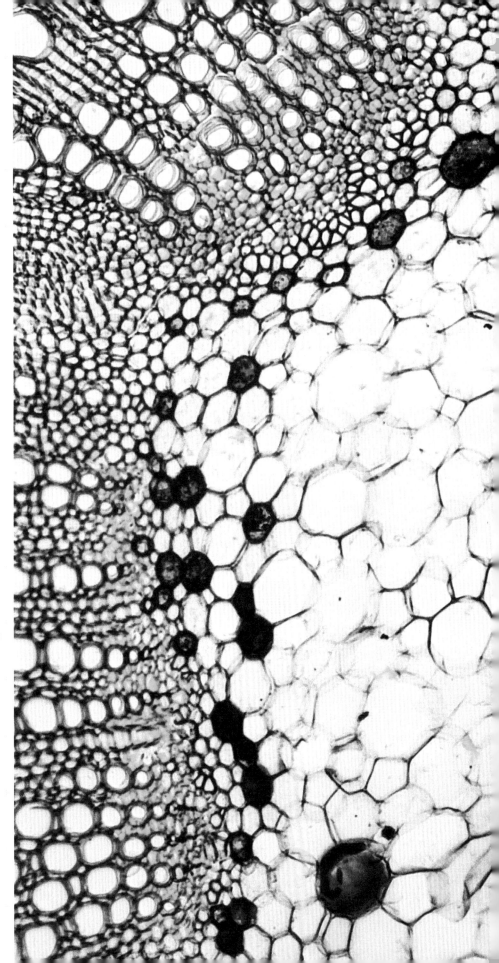

对页图：放大 40 倍的小麦幼茎横截面
右图：光学显微镜下棉花茎的横截面

以看到其表皮组织由紧密堆积的纤维素
微纤丝束组成，这些纤维素微纤丝束的
方向与茎平行，并由木质素加固。这种
表皮的内衬还有一系列由同样材料组成
的细管，管子上的纤维素微纤丝束呈螺
旋状缠绕在细管周围。这些细管通过一
层柔韧的海绵组织与表皮相连，而这种
海绵组织主要由无方向性的纤维素构成。

## 轻质结构管

米尔维奇和他的团队采用先进的纺
织品编织拉挤系统，根据观察上述植物
得出的设计理念，创造了一种复合纺织
管。他们利用传统的纺织品编织技术将
纤维束以不同角度引入管道轴线，再利
用拉挤成型技术（一种连续的成型工艺）
赋予产品连续而稳定的横截面。此外，
研究团队还通过最先进的设备精确控制
纤维的密度和角度，先将两组反向旋转
的纤维编织成螺旋结构，使其围绕着单
向的纤维形成管道，然后再用热固性树
脂整体浸润，最终制作出这种复合纺织
管。

这种仿生的复合纺织管可用于制造
坚固、结实但非常轻质的结构，甚至可
以取代建筑中的金属梁，同时也为开发
可用于建筑、飞机或汽车的高强度编织
表皮提供了前景广阔的框架。

# 蜂巢　非充气轮胎

用薄弱材料建造的多功能房屋　持久耐用的防穿刺车轮

左上图：一只蜜蜂在蜂巢上工作

上图：蜂巢的截面，显示出了蜂巢的结构特征

对页图：人造纤维素海绵的特写

　　自然界中的实心结构十分罕见，比较常见的是像木材和骨骼这样的低密度多孔结构，它们所需的材料明显更少，而且由于特殊的结构设计，还具有独特的性能。蜜蜂的蜂巢由成百上千个六边形巢室组成，是自然界中最大的多孔结构之一。每个巢室宽约6毫米，并且具有多种功能。

　　构成蜂巢的基本材料是工蜂体内分泌的蜂蜡，这是一种较弱的材料，其机械完整性会随着温度的升高而降低（变得更软），但蜂巢会随着时间的推移变得更坚固、更有弹性。巢室本身是多功能的，既可以储存蜂蜜，又可以在蜜蜂幼虫化蛹期间为其提供保护。一旦蜜蜂幼虫被封入巢室，它们就会为巢室内壁覆上一层随机排列的丝纤维。每一代幼虫都会增加一层嵌入蜂蜡中的丝。这样，蜂巢变成了丝与蜡的复合材料结构，其在高温下的机械性能便得到了改善。这种简单而巧妙的设计能够用极少的材料制造出坚固的多功能结构。

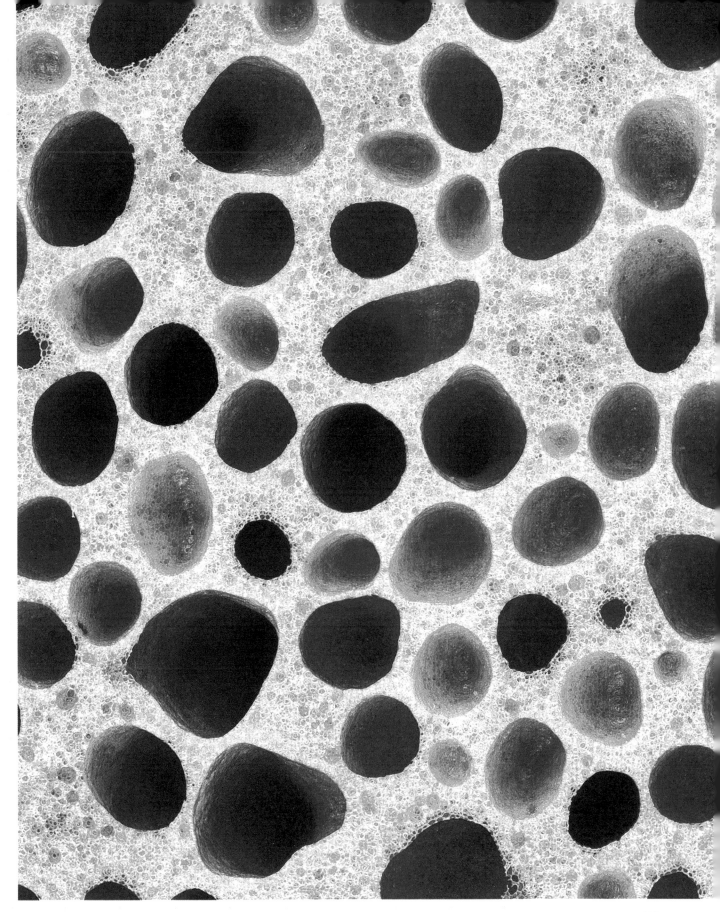

## 蜂巢轮胎

　　这种蜂窝结构给人们提供了一种新型车轮的设计灵感。汽车车轮通常由中部的钢制内芯与外部的充气轮胎构成，钢芯具有较强的承载能力，而外部的充气轮胎可在行驶过程中减缓冲击。然而，一旦轮胎被刺破，就会失去缓冲能力，从而导致车辆的机动性降低。尽管每年都有大量废旧轮胎被回收再利用，但仍有很大一部分被填埋。然而，这种新式的非充气轮胎是蜂窝状结构，并不依赖空气吸收冲击力，而是由结构来承受这一作用力，即使被多次刺穿或损坏仍能保持车辆的机动性，因此使用寿命得到了有效延长。并且，由于这种轮胎不需要内胎，整体使用的材料数量减少了，更易于维修或回收。

对页上图：米其林 Tweel 非充气轮胎

对页下图：韩泰轮胎的 iFlex 非充气轮胎

右图：普利司通非充气概念轮胎

邓禄普仿生网球拍的表面纹理细节

## 邓禄普仿生网球拍

　　邓禄普公司新开发了一系列新型网球和壁球专用球拍，结合了三种仿生技术来提高其运动性能。首先，球拍结构采用被称为 HM6 Carbon 的六边形蜂窝系统，由特殊的碳化合物制成，而且由于蜂窝结构的设计，球拍使用的材料更少，球拍的重量更轻。

　　其次，球拍头部边缘衬着一片模仿鲨鱼皮质鳞突的微小棱纹，该设计被命名为 Aeroskin，预计挥拍时可以降低25% 的空气阻力，从而提高（人使用）球拍时的速度和力量。

　　最后，球拍握柄上绑着以 Gecko-Tac 为品牌名的专业微纹理手胶，这种新型手胶是按照壁虎趾垫的纹理设计的，在球拍和运动员手部皮肤之间会产生一种临时的粘连效果。邓禄普公司宣称，与以前的握持系统相比，这种创新的表面将握持力提高了 50%（不过，有经验的运动员一般偏好用握拍衬垫来保护握

**顶图：** 球拍框架上的 Aeroskin 纹理提高了球拍的空气动力学性能

**上图：** 邓禄普网球拍握柄上类似壁虎趾垫的手胶细节

柄，在这种情况下不免会影响这种设计的应用效果）。

## 天然多孔系统 ｜ 极简材料产品

极简材料的刚性结构 ｜ 超轻的多孔系统家具

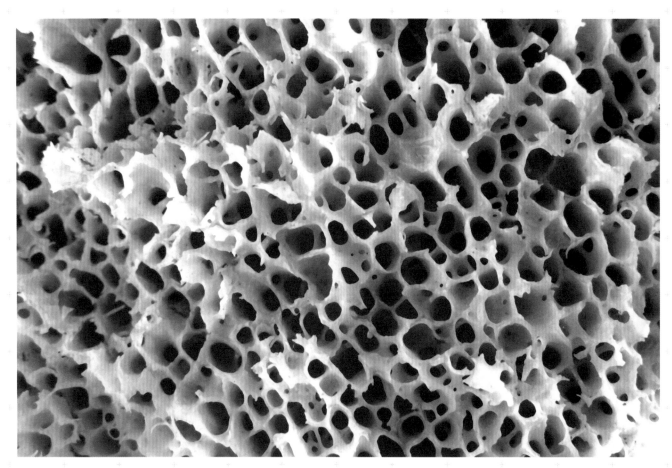

金属、增强塑料和超韧聚合物等强韧材料是现代人类环境中必不可少的组成部分。依靠这些材料的强度，我们才得以维持建筑和物品的状态，但大自然向我们表明，用脆弱的材料也能制造出坚固的结构。

### 多孔系统家具

关田康二（Koji Sekita）是一位富有远见的设计师。1996 年，他从东京著名的桑泽设计学院毕业后，在 Idee Co.Ltd 和 Kubota Architects&Associates Inc. 等公司担任室内和家具设计师，到 2011 年便成立了关田设计工作室。关田才思敏捷，能够轻松自如地驾驭创意和工程设计，他的艺术作品 *Wall of refraction* 就展示了他把光线当作一张纸来处理的能力。其代表作品 *Watching You* 是一个家具系列，由几张纸经过切割、折叠而成。该作品体现了最大限度利用资源的仿生设计原理，并展示了如何使用薄弱材料搭建出强大的结构。在这个系列作品中，每张纸片都被折叠成同样大小的锯齿形结构，然后穿插并置，做出椅子、桌子或长凳，最终形成了一个层次分明的体系。模块化的组装过程能够使产品具有任意长度，关田的这种仿生设计方法，能够用简单的材料在极低能耗的条件下，制造出令人难以置信的极其坚固又轻巧的功能性家具。

**对页图：** 骨小梁或海绵状骨组织的细部。这种结构由坚硬的微观组织组成，类似于沿着荷载受力方向形成的纵横交错的梁。关田康二将这种多孔结构设计应用于制造纸板家具，让折叠后的纸板结构的受力方向与家具在使用时的受力方向保持一致

**右图，从上到下：** 关田康二的纸制多孔系统家具系列，"Watching You"模块化椅子，"I Will Be There"桌子

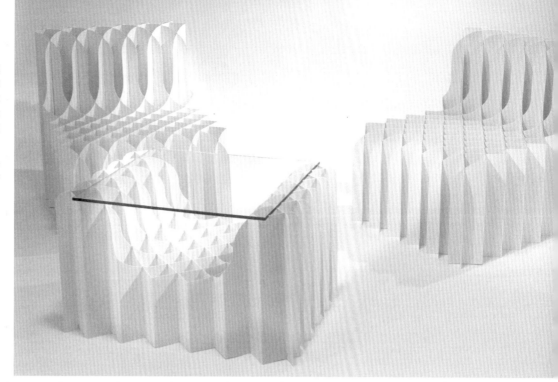

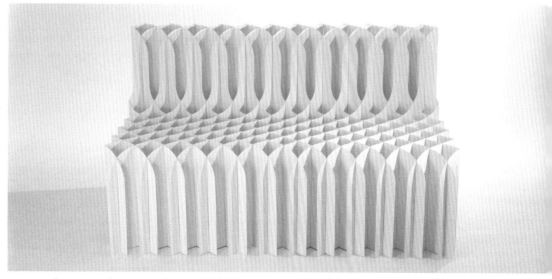

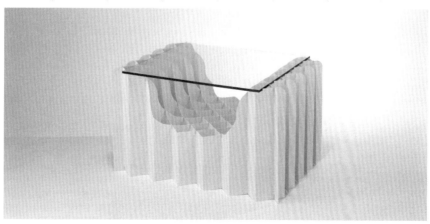

# 天然多孔结构

刚度设计

# 单一材料产品

3D打印家具

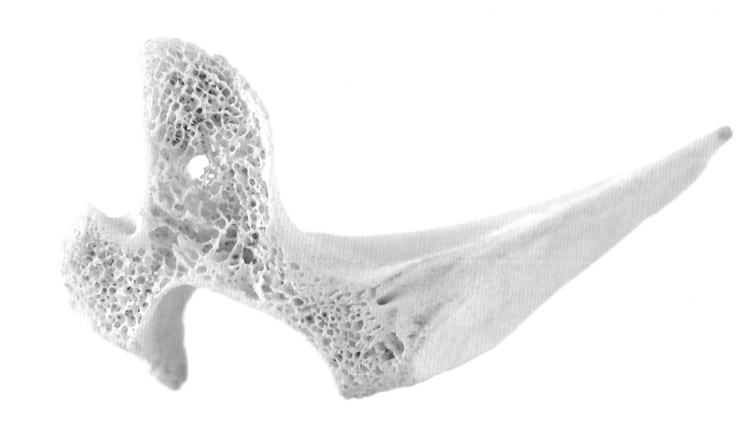

莉莉安·范·达尔设计的 3D 打印椅子（细节，左图）结合了骨骼组织的海绵质特性和坚硬的结构特性（上图）

　　我们依赖材料的各种特性来实现不同的产品功能，这就造成了多材料组合产品的出现，而这些产品很难拆卸、回收和分解。例如，沙发和扶手椅等软体家具，需要包括软体组件和硬质组件在内的多种材料来制作。那么依靠生物学的启示，能否设计出一种仅由单一材料

**下图：** 莉莉安·范·达尔设计的 3D 打印椅子的侧面

**底图：** 莉莉安·范·达尔设计的椅子的多孔结构细节

制造的家具，并兼顾柔软与坚硬的属性需求？

## 单一材料的多孔结构家具设计

2014 年，莉莉安·范·达尔（Lilian van Daal）将此作为她在荷兰海牙皇家艺术学院工业设计研究生的毕业设计项目，试图开发一种新的软体家具制作方法。受生物骨骼等多孔结构的启发，范·达尔认为可以利用 3D 打印技术完成单一材料的家具制作，而且通过对材料疏密的控制就可以实现不同区域的软硬触感。这种开创性的设计方法为家具产业的发展提供了一个大有前景的新方向，避免了当前工业生产中密集的加工流程和物流运输，以及由此产生的能源和资源消耗。范·达尔与比荷卢（比利时、荷兰、卢森堡三国统称）三维系统公司（3D Systems Benelux）合作，制作了她设计的椅子原型。

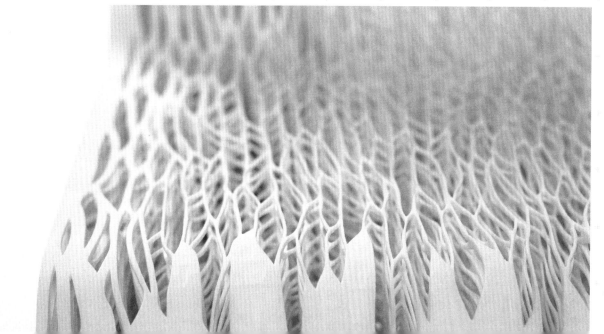

# 拉胀材料

负泊松比

# 防爆纺织品

具有拉胀特性的纱线和泡沫橡胶

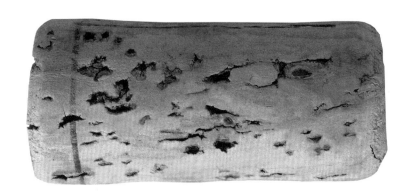

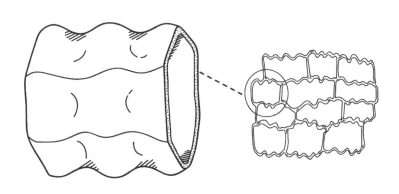

**顶图：**一种用于密封酒瓶的商用软木塞

**上图：**软木多孔结构的侧面示意图，其细胞壁的波纹结构使软木的泊松比为零

由于几何形状较为特殊，多孔结构生物材料可以表现出许多非凡的特性。通常来说，材料在受压时会变厚，而在受拉时会变薄，材料在形变时横向收缩应变与纵向拉伸应变的比值称为泊松比。大多数材料的泊松比在 0 ~ 0.5，坚固的工程材料的泊松比约为 0.3（钢 0.27 ~ 0.3，铝 0.32，钛 0.33），而橡胶的泊松比约为 0.5。但某些生物材料，包括软木、骨头和各种表皮，已被发现泊松比为 0，甚至在某些情况下为负值。

软木是一种低密度的多孔结构材料，由软木橡树（栓皮栎）的树皮制成，常用于制作酒瓶软木塞。软木的细胞非常小，一立方毫米就可以容纳 20 000 个。它们的横截面一般为六边形，但细胞壁呈现出奇特的波纹结构，这使得它们在被拉伸时可以延展、变平，在压缩时又可以像手风琴一样折叠起来。这种特殊的微观结构让其材料特性中的泊松比为零，使软木能够用作玻璃瓶的密封件，因为它在压缩时不会膨胀而导致玻璃瓶口开裂。泊松比为负的特性最早是在 20 世纪 40 年代，人们对黄铁矿晶体进行研究时发现的。尽管这一现象最初被认为是一种异常现象，该结论也饱受质疑，但 40 年后，科学家发现了如何将材料的负泊松比从分子尺度转化到宏观尺度，并以此得到了一种称为"拉胀材料"的新材料。

拉胀材料是一种分层的细胞组合结构，由于其细胞单元的特殊几何排布，表现出负泊松比。当被拉伸时，具有拉

规则的六边形多孔结构，受到外力时会
向同一个方向弯曲

受到外力作用时，表现出同向弹性弯曲
的多孔结构变成了穹顶状

静止状态下的多孔拉胀结构

胀特性的结构会在垂直于拉伸的方向上
变得更厚，而不是像传统材料那样更薄。
有很多拉胀生物材料的例子，如奶牛乳
房、胚胎表皮、动脉组织，甚至一些骨
骼结构。

### 人造拉胀结构

1987 年，罗德里克·拉克斯率先开
发了一种逆向加工的方法：通过先加热，
再在受压状态下冷却的方式，将拉胀材
料转化为传统的泡沫。英国谢菲尔德哈
勒姆大学的安德鲁·奥尔德森（Andrew
Alderson）教授是世界领先的人造拉胀结
构开发专家，他的团队及其合作者对生
物材料中的拉胀特性进行了广泛的研究，
将拉胀原理应用于由陶瓷、金属、纸张
和塑料等材料制造的泡沫、纺织品和复
合材料之中。

这些具有拉胀特性的结构有着广泛
的工业应用前景，因为它们坚韧、抗撕裂、
高度可压缩，而且即便由较弱的材料（如
纸张等）制成，也很难使用侧向力使其

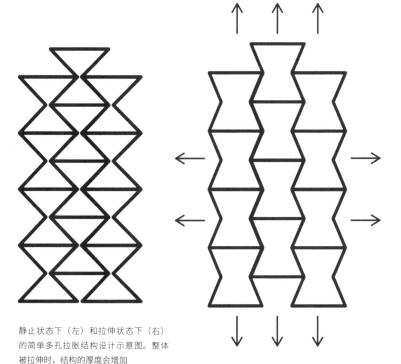

静止状态下（左）和拉伸状态下（右）
的简单多孔拉胀结构设计示意图。整体
被拉伸时，结构的厚度会增加

三种多孔拉胀结构形态

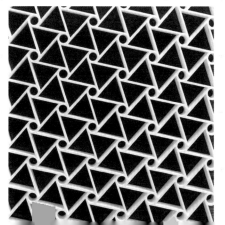

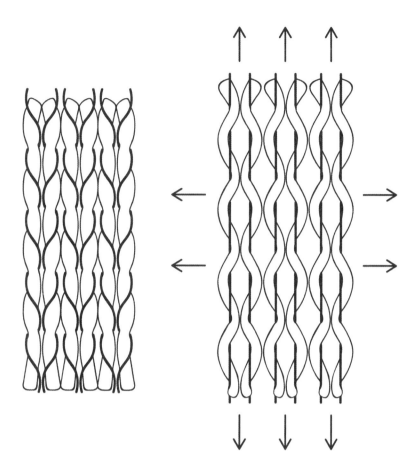

断裂。此外，奥尔德森的团队还发现，拉胀结构在弯曲过程中表现出独特的同向曲度特性，这有助于搭建简单的避难所和帐篷式结构。

## 拉胀纱线

　　奥希迪西有限公司（Auxetix Limited）是一家屡获殊荣的英国公司，开发了 Zetix 品牌的拉胀纱线。该设计由英国埃克塞特大学的帕特里克·胡克（Patrick Hook）在其博士研究工作中完成，是由两种较细的纱线（一种是弹性纱线，一种是刚性纱线）扭曲制成的螺旋状复合纱线。通常情况下，弹性纱线在拉伸时会变得更薄，而 Zetix 纱线却相反。当其受拉时，刚性纱线会在局部限制弹性纱线的拉伸长度，从而使两种纱线在扭转部位弯曲凸起，最终形成整体纱线暂时增厚，达到负泊松比的效果。

　　该拉胀纱线已应用于纺织品编织，并被证实可提供高效的防爆作用。在弹道冲击的过程中，纱线结构会变形，但不会断裂，并可以连带周围的织物部分一起承受冲击，耗散弹片的动能并捕获弹片。在受冲击的过程中，织物表面会张开数以千计的孔隙以抵消冲击波，而其自身不会像传统的防弹纺织品那样破裂。使用该技术设计的防爆窗帘能够承受玻璃等碎片的冲击，保护在战争地区的建筑内工作或生活的人们。该技术还被应用在航空航天领域和建筑及室内智能纺织品传感器上。

对页图：显微镜下人体主动脉中弹性动脉的组织切片。一些动脉细胞具有拉胀结构

上图：拉胀纱线的特性示意图。松弛状态（左），受冲击作用力状态（右）。由于复合材料的纱线设计，受冲击作用力时，结构会伸展并变得更宽

下图：静止的拉胀泡沫（左），受拉时的拉胀泡沫（右）。当其受拉时，结构宽度显著增加

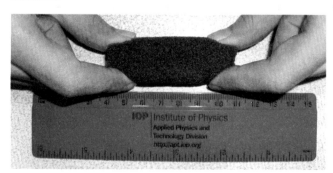

上图：一个刚被锯开的树桩。用链锯将树干部分锯断，并将树放倒——可以看到被撕裂的木纤维

最左侧图：一个树桩的特写，显示了链锯留下的痕迹和树木倒下时树干撕裂的状态

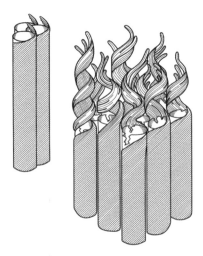

上图：撕裂的木纤维示意图，显示出纤维素微纤丝的生长方向

乔治·杰罗尼米迪斯教授是一名工程师，也是英国仿生学的学科创始人之一（见第3页），尤其热衷于研究木材的特性。20世纪70年代末，杰罗尼米迪斯在早期的职业生涯已经开始与才思敏捷的吉姆·戈登（Jim Gordon）[《强材料的新科学研究》（*The New Science of Strong Materials*）的作者]合作，研究为什么木材的韧性（抗裂性）比人类认知中木材应具有的韧性更强（基于当时的

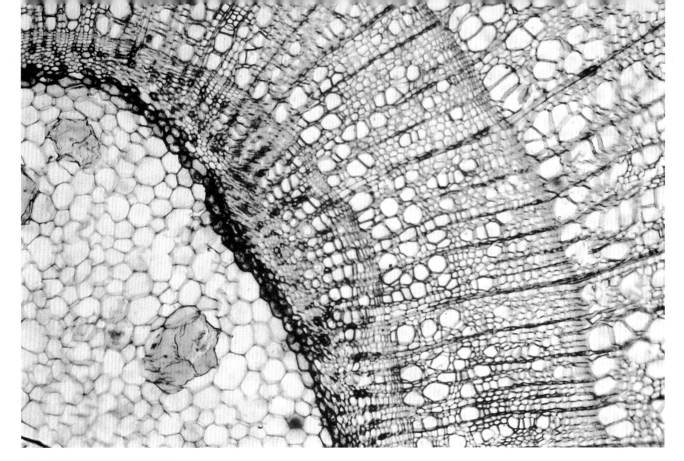

**下图：** 显微镜下看到的松木横截面的细节照片，以及放大特写（上图）

知识和理解）。木材是一种纤维材料，由细长的管状木纤维组成。这些木纤维平行于树木的生长方向，紧密地排列在一起。木材的细胞壁由纤维素纳米纤维组成，这些纤维与细胞的轴线成 15 度角排列。

## 仿生木材

经过一系列观察和分析，杰罗尼米迪斯制作了一个仿生木材模型：他用玻璃纤维以 15 度角缠绕在尼龙芯上，并置于树脂中，待树脂硬化后，将尼龙芯体抽出，再将玻璃纤维管黏合在一起形成管丛。对该模型的实验表明，当管丛弯曲到断裂点时，首先是单个管壁向内弯曲，接着是黏合玻璃纤维的树脂开始破裂，但玻璃纤维一直完好无损，从而使该模型可以承受更大的拉伸。因此，仿

波纹纸板，其结构与仿生木材相似

生木材虽然是由脆性材料制成的，但呈现出了显著的延展性（柔韧性）。杰罗尼米迪斯基于这一原理设计了多种复合材料结构，并生产出了成本更低，但韧性（重量比）是钢材五倍的材料。

这些仿生木材原型是在20世纪80年代被开发出来的，但当时商业化生产的路径并不明确。如今，随着数字化制造技术的进步，有很多方法可以将这种材料开发成商业规模的产品，如现代纺织技术就能够"编织"出这种仿生木材。

下两图：仿生木材样品受到子弹击中后的特写。撞击造成的损伤很小，也没有造成裂纹，结构仍能正常使用

底图：显微镜下木材细胞的剖面图

# 珍珠层 | 合成珍珠层
韧性设计 | 超细而坚硬的外壳

鲍鱼坚硬的外壳颜色暗淡，呈脊状（上图），而内表面则色彩斑斓（左图）

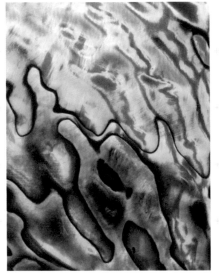

　　软体动物的外壳可以保护其脆弱的身体免受异物和捕食者的伤害。一些软体动物，如鲍鱼或珍珠牡蛎的外壳内壁，衬有一种色彩斑斓的被称为珍珠母或珍珠层的材料。珍珠层由98%的碳酸钙矿物和2%的蛋白质组成，前者使珍珠层具有坚硬的属性，而后者则使珍珠层的韧性（抗裂性）比碳酸钙矿物本身的韧性高出3 000倍。

　　外壳有着如此高的韧性要归功于其构成材料在纳米级尺度上特殊的组织方式。珍珠层是个分层结构体，其主要成分碳酸钙构成了一个个微型的多边形板（5～15微米宽，1～5微米厚），有的像砖一样堆叠，有的像墙或者柱，还有的像随机拼贴的瓷砖。这样的构成方式

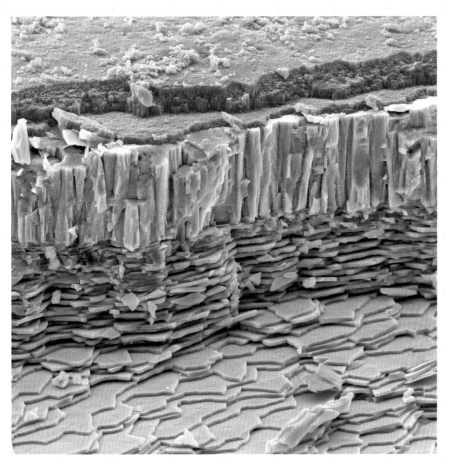

**左图：** 鲍鱼外壳切面的彩色扫描电子显微镜照片。壳体的大部分由碳酸钙晶体或霰石（灰色部分）的叠片组成，层与层之间是薄薄的蛋白质片（未显示），这种外壳结构形式比其他任何结构形式都要坚固得多

**下图：** 使外壳具有超凡特性的机制示意图。重叠的碳酸钙薄晶体板在压力作用下相互滑动，抵消了冲击力

使这些碳酸钙板能够在拉力下相互滑动，极具韧性的同时耐损伤性也高，就像木材的组织一样（见第 96 页）。

## 合成珍珠层

合成珍珠层尽管尚处于实验阶段，但有望在未来成为一种重要的材料，其应用范围覆盖医疗行业和珠宝行业，还有可能大规模地应用在建筑、室内装饰和日用消费品中。

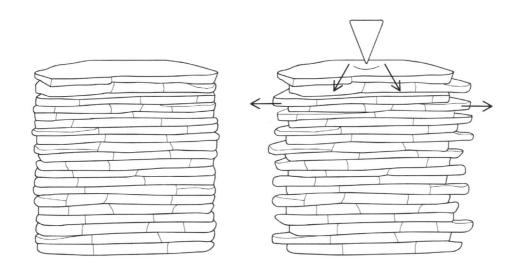

# 恐龙鳗鱼　　金属网格

防咬鳞片　　　新一代盔甲

塞内加尔多鳍鱼（恐龙鳗鱼）的皮肤是
非常有效的盔甲

9 600 万年前，大多数鱼类外表都有一层坚硬、抗穿刺的真皮盔甲，以抵御湖泊和海洋中大量长着锋利牙齿的大型无脊椎动物的捕食。而现在，这类捕食者明显减少，这种史前防御机制基本上已被淘汰。与同时代的水生动物不同，栖息在非洲泥泞的淡水池中的塞内加尔多鳍鱼还保留着其古老的真皮盔甲，因

此也被称为"恐龙鳗鱼"。事实上，在过去的 9 000 多万年里，塞内加尔多鳍鱼几乎没有发生过结构或行为上的变化，与其祖先的特征仍极其相似。其他鱼类早已因它们捕食者的消失而失去了保护盔甲，而恐龙鳗鱼表现出的同类相残的特性意味着它们的主要捕食者仍然存在。

2008 年，美国国防部资助了一个由

麻省理工学院克里斯汀·奥尔蒂斯（Christine Ortiz）领导的专家团队，对恐龙鳗鱼的盔甲系统进行了纳米级的分析。结果发现这是一种由仅 500 微米厚的鳞片组成的层级结构，这些鳞片具有高度特异化的几何形状，且会沿着鱼身发生变化。鳞片的外表面是一层约 10 微米厚的鸟嘌呤（一种非常坚硬的类似珐琅的

材料），然后是 50 微米厚的牙质层、40 微米厚的类骨物质（异丁烯）层和 300 微米厚的骨基板。当身体受到攻击时，最上层坚硬的鸟嘌呤层将受到的外力转移到较软的牙质层来化解，而在受到强烈攻击导致穿透较深的情况下，异丁烯

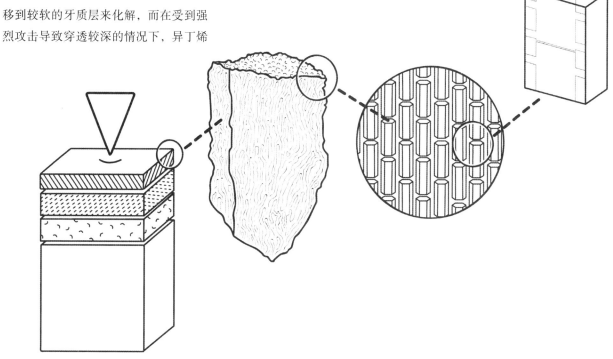

层会形成微观裂纹，从而最大限度地减少冲击力对整个结构的影响。

对鳞片几何结构的分析表明，每个鳞片由两个区域组成——一个是瓣状的区域，形成重叠的关节，覆盖皮肤并允许关节弯曲和滑动，以适应身体运动；另一个是独特的钉接系统，将鳞片互锁成一个结构并连接到皮肤上。

## 金属网格

该团队正致力于将这些研究成果应用于先进的轻型模块化士兵装甲表面设计，因为目前使用的大防护板过于限制士兵行动。该项目名为 MetaMesh（金属网格），试图探索如何设计符合人体轮廓且不阻碍运动的鳞甲系统。除了国防应用外，这种结构的纺织业应用还将极大地促进专业服装的发展，以应对蓄意或意外的撞击活动。

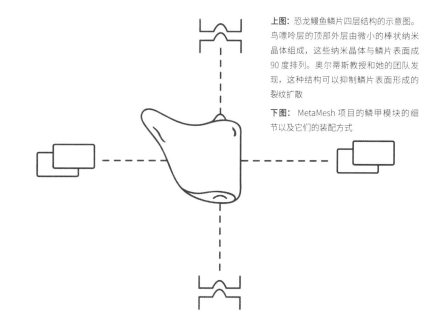

**上图：** 恐龙鳗鱼鳞片四层结构的示意图。鸟嘌呤层的顶部外层由微小的棒状纳米晶体组成，这些纳米晶体与鳞片表面成 90 度排列。奥尔蒂斯教授与她的团队发现，这种结构可以抑制鳞片表面形成的裂纹扩散

**下图：** MetaMesh 项目的鳞甲模块的细节以及它们的装配方式

# 鳞足蜗牛
耐压外壳

# 先进的防护设备
轻质的抗冲击系统

鳞足蜗牛是在 2 400 米深的海底被发现的

鳞足蜗牛，又称鳞角腹足蜗牛，近些年在印度洋中脊的深海火山口被发现，那里是地球上环境最恶劣的地区之一。这种蜗牛进化出了一种非凡的外骨骼结构，以支撑它们在如此极端的条件下生存，并抵御来自其主要天敌——螃蟹的攻击。螃蟹一旦钳住蜗牛，必要时可能好几天都不会放开。但是，这种蜗牛有着独特的外壳结构，即使承受长时间的挤压也并无大碍。

目前，商用自行车的头盔由海绵橡胶制成，最外层为硬质聚合物，内衬聚酯类织物。受鳞足蜗牛启发而开发的先进的保护系统会使这种类型的防护设备性能更强

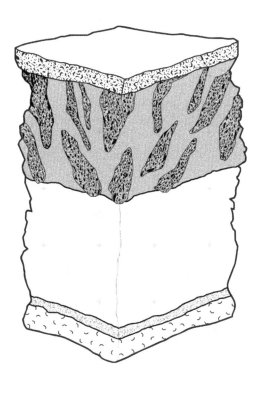

## 防护设备

美国麻省理工学院的克里斯汀·奥尔蒂斯领导一个科学家团队致力于研究这种蜗牛的壳是如何起到抗挤压作用的。该团队通过模拟螃蟹钳住蜗牛的动作，发现该蜗牛的壳是一个三层的结构——两层坚硬的矿化层，中间夹着一层厚厚的有机层。该团队试图将这种特有的结构形式应用到复合材料的设计中，最终应用于制造人体装甲和车辆外饰，以及民用防护设备，如自行车和摩托车的头盔、护垫等。

**左图：**鳞足蜗牛外壳的外层由硫化铁组成，中间层是类似其他腹足类动物的有机角质层，最内层由霰石（碳酸钙）组成

## 海马尾骨 | 弹性结构
弹性设计 | 先进的冲击防护装备

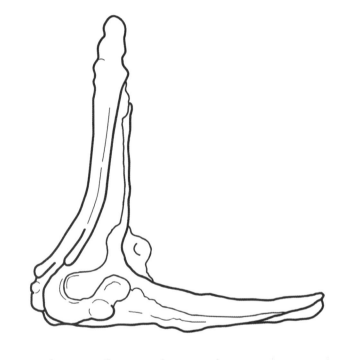

**上图：** 构成海马尾部骨骼片段的 4 个 L 形角片之一的示意图

**左图：** 一只海马，尾巴卷起来可以缠住其他东西

海马有许多天敌，包括海龟、螃蟹和鸟类，它们会捕捉海马并将其碾碎以取食。而海马唯一的防卫工具就是尾巴，它们用尾巴来钩住珊瑚或海藻以躲避捕食者。

美国加利福尼亚大学圣迭戈分校雅各布斯工程学院的乔安娜·麦基特里克（Joanna McKittrick）和马克·梅耶斯（Marc Meyers）带领一个研究小组对海马进行了研究，结果发现海马的尾巴是一种非凡的盔甲，可以保护它的脊髓在被攻击时不受压迫。根据研究小组的计算，海马尾巴的结构可以从不同角度被

压缩至原宽度的 50%，且不会对脊柱造成任何损伤，甚至压缩至 40% 时，也不会造成永久性损伤。

对尾骨成分的研究表明，海马的尾骨中 27% 是有机化合物（主要是蛋白质），33% 是水，剩下 40% 是矿物质。坚硬属性的矿物质含量竟如此低，这实在匪夷所思，相比之下，牛骨中矿物质的含量约为 65%。这意味着，单靠材料本身，海马的尾骨并不足以承受强大的压力。研究小组对海马尾骨结构的进一步分析揭示了其中的缘由：它是一个由 36 个方形结构组成的整体，每个方形结构由 4

**上图：**可以仿造海马尾部结构制造美式
橄榄球护甲，以增加防护性

**右图：**构成海马尾骨的 36 个相连的方形
结构

个 L 形角片组成，这些角片的尺寸顺着
尾巴的方向逐渐减小。这种骨骼系统的
设计，可以保证每个角片在受压时会滑
过相邻的角片，而不被折断。

## 弹性结构

　　该研究小组计划利用 3D 打印技术
创建一个人造骨板系统，以制造灵活而
坚固的机械臂或机械爪，用于医疗设备、
水下探测，以及无人操作的炸弹探测和
引爆。这种弹性模块化结构在消费品中
也有广阔的应用前景，如高级包装和移
动设备保护壳，以及极限运动的防护装
备等。

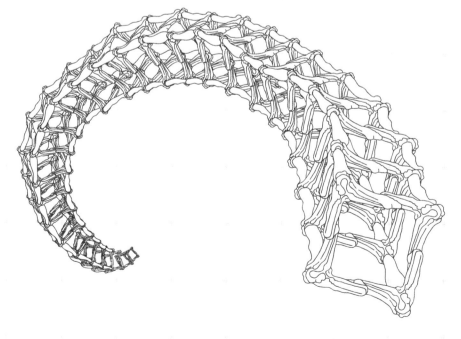

# 玻璃海绵

## 自然界的摩天楼

# 受生物玻璃启发设计的结构

## 分层轻量功能系统

下图：玻璃海绵顶部的细节

右图：一个深海玻璃海绵附着在海底地面上

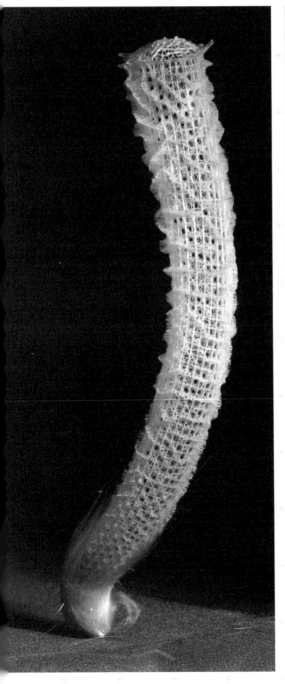

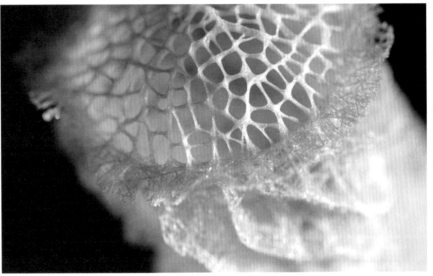

　　海绵动物的骨骼结构由微小的纤维质骨针构成，主要包含矿物质（脆性）和蛋白质（韧性）两种成分。阿氏偕老同穴是一种生活在西太平洋深海中的海绵动物，它们松散地附着在海底柔软的沉积物上，里面通常居住着一对俪虾"夫妻"，因此又被称为"维纳斯的花篮"。这种海绵一般长 20 ~ 25 厘米，直径 2 ~ 4 厘米，呈圆柱形笼状结构，上面布满小孔。海水从它们身上的小孔中流过，微小的颗粒状食物便会留在其中。这种动物也被称为玻璃海绵，因为构成其身体的主要材料是玻璃（二氧化硅），但这种刚性材料构成复杂的网格之后，表现出了超凡的韧性，使其能够承受洋流等外力以及其他海洋动物的冲击。

　　玻璃易碎，却被广泛用作建筑材料，这是因为通过设计可以化解系统功能和材料特性之间的矛盾。哈佛大学威斯生物启发工程研究所的乔安娜·艾森贝格（Joanna Aizenberg）博士领导的一个研究小组，将玻璃海绵的针状结构与长度相似的合成玻璃棒进行了比较，发现这种生物材料表现出了比合成玻璃棒更为显著的韧性。研究小组对玻璃海绵进行了从纳米尺度到宏观尺度的深入分析后，发现了该生物体的多层次复杂结构。

　　在玻璃海绵成型的早期阶段，其骨针是由无机材料（纳米级别的球状二氧化硅）和有机材料（蛋白质）包裹着一个蛋白丝内核构成的。脆硬和柔韧两种性质的组合材料层形成了一个结构体系：多个骨针融合成平行的纤维束，再排列成方格圆柱体骨架，并由双向对角纤维加固。与单根纤维相比，纤维束的复合效应大大提高了体系的弹性，可以防止海绵在弯曲时破裂。随着该海绵结构的成型，骨架晶格的柔性针状物被二氧化硅包裹黏合，柔性骨架晶格慢慢坚硬化，整体形成的圆柱体外形也有利于其稳定性。

## 先进的结构

艾森贝格的研究小组得出结论，该海绵骨架的特殊性能源于对二氧化硅从纳米尺度到宏观尺度的设计和组装，这一发现可以为更先进的结构提供设计灵感。从直觉上来说，玻璃似乎不具有柔韧性和延展性，但是通过对玻璃海绵的研究，未来可以在建筑、内饰、车辆和医疗行业中更为广泛地使用玻璃这一材料。

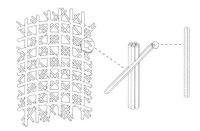

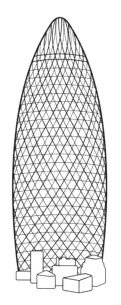

# 北极熊毛皮

功能性毛皮设计

# 可以捕获太阳能的纺织品

高级保暖纺织品

北极熊（下图）及北极熊毛发内部结构（右两图）

北极熊是地球上最大的食肉动物之一，但它们却生活在与世隔绝的北极，在 -50℃的严苛环境中生存。它们特有的白毛不仅起到了保护色的作用，也是其能够适应如此极端环境的主要原因。

北极熊的皮下有一层致密的脂肪，厚达10厘米，皮上的毛发也十分特殊，外层较长的护毛是半透明的，类似于中空的纤维，但其实里面不是空的，而是一种多孔结构。而北极熊的皮肤是黑色的，这个事实引发了一种奇特的说法，即北极熊的毛发就像一种能够将阳光吸引到皮肤上的光纤管，皮肤吸收了光线，所以变黑。但是，物理学家丹尼尔·W.孔（Daniel W.Koon）和他的研究生助理里德·哈钦斯（Reid Hutchins）在1988年驳斥了这一理论。

20年后，由德国登肯多夫市纺织技术与工艺工程研究所的托马斯·斯特格迈尔（Thomas Stegmaier）领导的一个仿生学科学家团队，对北极熊毛皮进行了研究。研究团队发现，当用红外摄像机观察北极熊时，肉眼几乎看不到热辐射。也就是说，来自太阳的辐射会穿过毛发到达北极熊的皮肤，但皮肤不会因为热对流而导致热量流失，因此其皮毛好像是一种"阳光捕捉器"。

右图：斯特凡纳基斯太阳能公司开发的纺织品

下图：太阳能集热器实例，斯特凡纳基斯太阳能公司开发的覆盖物有助于保存热量

## 可以捕获太阳能的纺织品

斯特格迈尔与工业合作伙伴斯特凡纳基斯太阳能公司（SolarEnergie Stefanakis）联合开发了一种能够模拟北极熊皮毛特性的产品。最初，联合小组试图创造一种合成毛皮，然而，这种形式不适合工业化的能量收集。后来，该小组改进了设计，将这一原理应用于开发复合蜂窝结构纺织品，目前已制造出一种柔软、灵活的覆盖物，用于斯特凡纳基斯太阳能公司的海水淡化和能量收集项目，这些产品不但具有隔热效果，还具有辅助发热、蒸发和冷却空气等作用。

## 植物根系
大规模水分处理能力

## 吸湿排汗的纺织品
经过设计的芯吸构造

部分裸露的树木根系

植物进化出了一种对抗地球重力的能力，无须借助机械泵送系统，便可从土壤中汲取水分和养分。地下水被植物的根系吸收，然后一路向上，通过木质部的微小导管沿着茎输送至枝和叶里。水分到达叶片后，在叶片内部特殊的海绵组织细胞表面短暂停留，然后通过叶片上的气孔扩散到周围的环境中，这个过程被称为植物的蒸腾作用。这个过程流失的水分在木质部导管内部形成负压，使其像吸管一样，不断地将水分从根部吸到叶片。植物之所以可以如此顺畅地进行蒸腾作用，离不开根系发达的分支结构形态。

## 排汗纺织品

　　中国香港理工大学时装及纺织学院的博士陈晴受到蒸腾作用原理的启发，在读博期间基于植物根系形态设计并开发了一种排汗面料。陈晴的设计概念是利用芯吸纤维的毛细作用来模拟植物的负压吸水策略，同时重点模仿植物根系分支的形态。芯吸纤维的横截面比较特殊：不是圆形的，而是浅裂片状的，通常被描述为像米老鼠的耳朵一样。水分被截留在浅裂片的裂缝中，然后通过毛细作用沿着纤维的长度方向传送。通常，这些芯吸纤维与面料表面是平行关系，然而，陈晴创造性地使用先进的编织技术制作出了一种多层面料：在经纱中使用棉纱线，在纬纱中使用 Coolmax 等聚酯纤维纱线，再让纬纱从内到外穿过纺织品的各层，类似植物根系的分支结构网络一样。这样一来，芯吸纤维以垂直的角度穿过各层织物，最终实现了更好的吸汗效果。

　　实验研究表明，与没有采用这种新型编织结构的同类面料相比，陈晴研发的这种新型多层面料有着更卓越的水分传送效率，可广泛应用于强调舒适性能的服装和建筑及室内设计中。

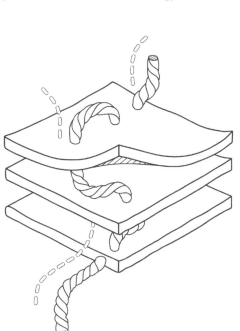

**左图：**排汗面料的三维概念图示：吸收性纱线穿过多层布料的方式

# MAKING

制造

人们所处的现代环境由大量的"东西"组成，无论是起到装饰或保护作用的物品，还是住所或者工具，都是为了达到某种目的而制造的。制造这些"东西"通常要对原材料进行加工、组合和塑形等一系列复杂的工业流程。我们知道的许多产品都是由聚合物制成的，而聚合物是由较小的单体分子聚合而成的较大的长链分子。相比之下，自然界中的"东西"是生长出来的：生物体通过聚合物的长链分子自己创造材料和结构。这些细长的分子链对科技和生物学都极其重要，因为分子链之间的缠绕作用，可以决定材料的强度、韧性和弹性等特性。

为了制造聚合物，一定要让单体形成链条，但与生物学的方法截然不同的是，人类是使用技术粗暴地让单体分子在高温高压的作用下相互连结。这种诞生于工业革命时期的加工方法，采用的是有毒且高能耗的生产流程，而且得到的产物需要类似的条件才能分解，这也导致了我们不断地产生各种废料。而生物在自然界中制造的聚合物是在周围环境条件下，用最少的能量从丰富的材料中形成的；同样地，这些材料相对容易降解，可重新回到自然。

天然聚合物和人造聚合物的关键区别在于信息。上一章探讨了生物系统中的层级设计带来的影响，自然界中的信息都是通过从纳米到宏观尺度的形式和结构来表达的。DNA 分子是一种富含信息的聚合物，其双螺旋结构之间连接的细微差异足以使人们彼此不同。而人造聚合物的结构要简单得多，它们通常由重复的相同单体分子构成。只要在特定的序列中，对组成部分的顺序进行少量更改，就不会导致材料特性发生重大改变。但回到工业化前的做法并不能解决问题，我们必须重新思考我们的制造方式。2002 年，威廉·麦克唐纳（William McDonough）和迈克尔·布朗嘉特（Michael Braungart）出版了《从摇篮到摇篮：循环经济设计之探索》（*Cradle to Cradle: Remaking the Way We*

**右图：** 一颗刚发芽的幼苗，种子发芽的环境条件是水、氧气和16～32℃的环境温度（具体温度取决于物种）

*Make Things*），这是一本关于可持续设计和制造的重要著作，描述了生产制造的替代方式，包括了尊重多样性和变废为宝等理念。仿生学可以为实现"从摇篮到摇篮"的设计理念提供概念和实践的策略，并且能够超越当前数字信息和物理现实的边界，创造出信息丰富的材料，并为可持续制造技术提供先进的方法。

# 胡蜂　｜　造纸工业

浸渍木纤维结构　　木浆产品

17 世纪初，法国博物学家和昆虫学家勒内－安托万·雷奥穆尔（René-Antoine Réaumur）首次对胡蜂这一物种进行了研究。在对北美胡蜂的观察中，他注意到了胡蜂为建造蜂巢而生产的如纸片般精细的材料。公元前 4000 年，古埃及人通过对纸莎草的髓部进行编织和干燥处理来造"纸"。中国汉代（公元前 206 年—公元 220 年），人们首次从桑叶和棉绒中提取纤维素浆来造纸。到了雷奥穆尔所处的年代，造纸的原材料是棉和亚麻布，纸张的质量相对于今天来说又厚又粗糙。而且，由于纺织业同样依赖这些原材料，

**上图：** 胡蜂从枯木和植物的茎中收集纤维，将其与唾液混合，制造如纸张般轻薄的材料来构筑防水巢穴

**右图：** 一种由再生纸浆制成的鸡蛋盒，是使用机械化纸品成型工艺加工而成的纸制包装

上图：用锯末和黏合剂制成的 3D 打印木结构，由自由创造公司制造

右图：3D 打印木制品，由自由创造公司制造

当时的纸张非常昂贵。

## 木材制浆造纸

1719 年，雷奥穆尔在他的文章《胡蜂史》（ *Histoire des Guêpes* ）中写道：胡蜂能够通过浸渍木材并将其黏合成薄片，得到如纸张般的材料，而无须使用亚麻等纺织材料。他意识到胡蜂造纸的方式是一个巨大的机遇和技术挑战，可能会给造纸行业带来革命性的变化。在接下来的一个世纪里，雷奥穆尔的观察结果引发了一系列创新，实现了造纸原料从纺织材料到木浆的转变，最终使纸制品得以大规模、低成本生产。直至今日，人们使用的精细平薄的纸张仍得益于这项技术创新。

上图：现代造纸厂加工中的纤薄连续纸张

下图：一只大胡蜂趴在它的巢穴上

## 3D 打印木材

　　木材是一种可持续和可再生的材料，由木浆制成的包装产品使用后也可生物降解。但是，使用木浆作为 3D 打印的材料在美观和力学性能上稍显不足。

　　1719 年，增材制造的概念还未被构想出来，但如果雷奥穆尔能够通过水晶球预测未来的话，他一定会对胡蜂"造纸"和增材制造技术有着更多的对比思考，因为究其本质，胡蜂也是通过黏液将磨碎的木质组织结合起来，使其渐渐地沉积定型，筑成自己的巢穴空间。

　　2009 年，荷兰首家 3D 打印公司——自由创造（Freedom of Creation），开始将木材引入增材制造技术中。他们尝试使用黏合剂与木材工业的副产品"锯末"

进行实验，作为"森维打印"（tree-d
printing）项目的一部分。到 2011 年，他
们已经能够使用锯末制造物体了。尽管
黏合剂（目前是一种塑料）的加工工艺
和性质还有很大的优化空间，但至少目
前已经可以使用像锯末这种再生废料来
创造三维结构体了。

**右图：** 胡蜂和巢穴特写，可以看出筑巢
材料好似薄纸一般

**下图：** 自由创造公司 3D 打印木制品的后
期手工加工工艺

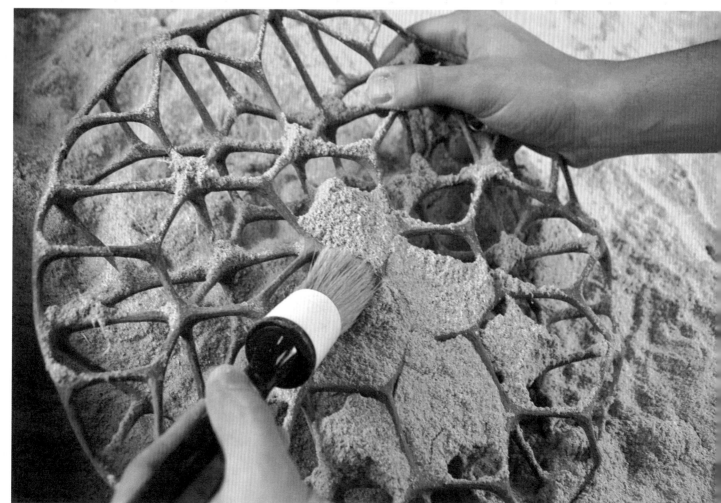

# 茧丝　人造纤维工业

昆虫的吐丝机制　再生纤维与合成纤维

一只蚕蛾。生产 1 千克生丝需要 5 000 多
只蚕蛾

　　丝是一种由蜘蛛、飞蛾和蜜蜂等昆虫产生的天然纤维。当这些昆虫将体内的氨基酸溶液通过身体的微孔挤出时，液体与空气接触后便会固化成连续不断的细丝。被人类驯养的蚕蛾是丝绸产业中的主力军，千百年来的人工选择驯养，让这种蚕蛾早已失去了视觉和飞行功能，只能交配和产卵，为养蚕业服务。

　　虽然丝绸生产的真正起源仍然不得而知，但人们普遍认为，中国的丝绸生产和加工技术可以追溯到公元前 3000 年左右。据在长江沿岸的考古研究发现，早在大约 7 000 年前，不过实际上可能更早，就已经出现了与养蚕有关的工具了。

　　丝绸柔软有光泽，质感细腻且非常强韧，属于非常珍贵的商品。将几根纤维纺在一起就能形成足够结实的细纱，进而加工成半透明的面料，这是其他任何天然纤维都无法做到的。

## 人造丝绸

　　公元前 3000 年，中国已经开始尝试用人工方法制造纤维。然而，经过数千年的发展，人类才开发出可以商品化大规模

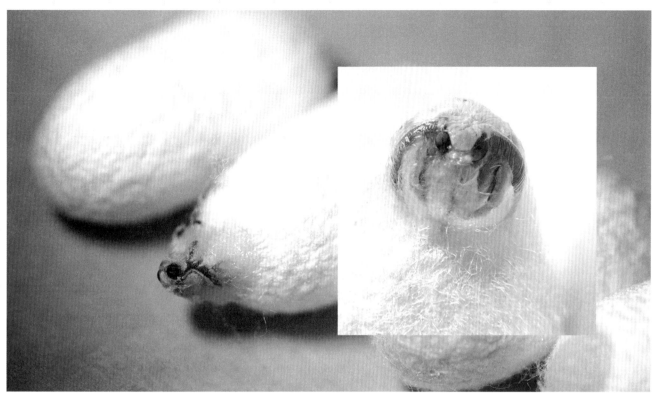

上图：一只蚕蛾从茧中爬出，但这会破坏长长的单丝。在商业生产中，会在其破茧前将完好的蚕茧煮沸

右图：人造纤维时代之前，纺织女工在机器旁工作，约 1910 年，美国马萨诸塞州波士顿市

生产细丝纤维的技术，这种技术也标志着人造纤维行业的诞生。1905 年，英国考陶尔兹丝绸公司生产了一种人造丝（黏胶纤维），它是最早出现的人造纤维，光泽有余但强韧不足。随之而来的是 1939 年由美国杜邦公司发明生产的尼龙（一种聚酰胺），光泽和强韧兼而有之，在大规模的需求和生产之下，不仅在战争期间被广泛使用，还在 20 世纪 50 年代掀起了一场著名的时尚革命。成本低廉的超轻尼龙袜，迅速取代丝绸袜子，获得了更多人的青睐。1969 年，当尼尔·阿姆斯特朗（Neil Armstrong）登月成功，迈出"个人的一小步，人类的一大步"时，他穿着由 30 层尼龙和芳纶纤维制成的套装，并在月球表面插下了一面尼龙面料的美国国旗。

现如今，人造纤维工业正在蓬勃发展，2013 年的全球总营业额已攀升至 16.5 亿美元。虽然尼龙和芳纶等纤维的强度与茧丝相当，也有其他诸多优点，但它们的生产对资源和能源的消耗巨大，生产过程有毒有害，而且产品很难再回收利用。相比之下，家蚕和其他产丝昆虫利用环境中的资源（如树叶或其他昆虫），便能制造可生物降解的纤维。人造纤维工业的重要性虽毋庸置疑，但研究如何制造出更节能、更可持续的纤维也是非常重要的。

人造丝属于由再生聚合物（纤维素等天然聚合物）制成的一类纤维，比合成纤维（由自然界不存在的聚合物制成）出现得早。尽管人造丝的生产原料——天然木浆是一种可持续的原材料，但在将木浆加工成纤维时也需要使用有毒的化学物质。生产了全球 25% 的人造丝的奥地利兰精公司，开发了闭环的工业流程来保证清洁生产，以实现化学品的循环利用。

竹子作为世界上生长最快的植物之一，其生长速度可以达到每小时 10 厘米及以上，近些年也被开发成一种人造纤维原料。再生纤维素合成纤维材料具有吸湿性，这一特性使其很适合用于生产贴身衣物和卫生用品，但实际上，合成材料的疏水性特点使其用途更为广泛。

聚乳酸（PLA）等生物高分子聚合物是一种从玉米和甜菜发酵中提取的材料，其强度与合成塑料相似，也是一种很有前景的人造纤维原料。聚乳酸的熔点比聚酰胺和聚酯低，因此可以使用传统的工业设备在较低的温度下进行加工。尽管聚乳酸的生物降解性尚未确认，但其目前已用于生产包装材料、非一次性的产品和纺织品。

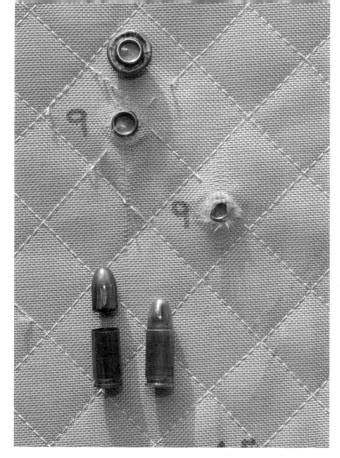

上图：被直径9毫米的子弹击中的一件凯夫拉防弹背心。丝绸的强度与凯夫拉纤维（芳纶）相当，但生产所需的资源要少得多

右上图：茧的颜色从白色到金黄色各异

右图：一台工业针织机

# 蜘蛛丝

普通环境条件下的多功能纤维

# 合成蜘蛛丝

可定制的人造蛋白质纤维

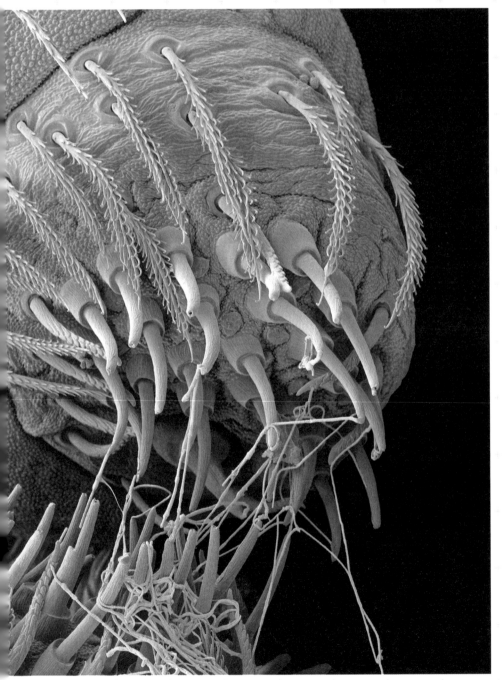

几个世纪以来，人类从蜘蛛丝的非凡特性中受益良多。据说，古希腊人会将蜘蛛网敷在体表伤口上来防止细菌感染，同时利用其杀菌的特性促进伤口愈合。而且，蜘蛛丝会被身体吸收融合，伤口处就像移植了一块新的皮肤一般。此外，蜘蛛丝还被用来制造显微镜和望远镜等早期光学仪器的十字准线。

虽然我们可以像挤奶一样直接从蜘蛛身上得到丝，然而，饲养蜘蛛是一项几乎不可能完成的任务。蜘蛛虽小，但领地意识极强，在狭小的空间里便会互相残杀。著名的蛛丝研究专家弗里茨·沃尔拉斯（Fritz Vollrath）教授在英国牛津大学动物学大楼的顶部成功创建了一个蜘蛛养殖场并收集蛛丝。然而，据沃尔拉斯估计，收获的蛛丝成本约为每千克 15 万美元，对比之下茧丝的成本非常低廉，约每千克 10 美元。

纺织品设计师西蒙·皮尔斯（Simon Peers）在其马达加斯加的办公室中发现了一台仿制的古董蜘蛛取丝机，这一发现促使他于 2004 年与企业家尼古拉斯·戈德利（Nicholas Godley）开始了一个不同寻常的探索项目——饲养蜘蛛并收获蛛丝用于制造纺织品。进一步的研究发现，法国传教士在 19 世纪已开始试图获取蛛丝，但由于整个过程非常复杂，他们尽极

**左图**：蜘蛛腹部尾端的彩色扫描电子显微镜照片，显示了正在从吐丝器挤出的丝。蜘蛛丝非常有弹性，拉伸至超越其本身长度的 30%～40% 时，才会发生断裂

大努力获得的蛛丝也只够制作几块布。但皮尔斯和戈德利没有因此退却，而是继续探索这个过程。经过八年的努力，他们将从 100 多万只黄金圆蛛中挤出的蛛丝，制成了一件 100% 由蛛丝制作的斗篷。但是，这项工作的总成本约为 30 万英镑，这也证明了通过养殖蜘蛛获取蛛丝材料进行商业化生产几乎不可行。

## 合成蛛丝

蛛形纲动物进化出了生产不同类型丝线的非凡能力。蜘蛛的丝不仅可以用来结网，还可以悬吊自身，以及把猎物包裹保护起来。黄金圆蛛可以产出七种不同特性的丝线，它们在黏性、强度、弹性上均有不同。在其体内产生的非必需氨基酸——甘氨酸和丙氨酸（必需氨基酸不能在生物体内产生，仅能通过饮食摄取，而非必需氨基酸可以在体内产

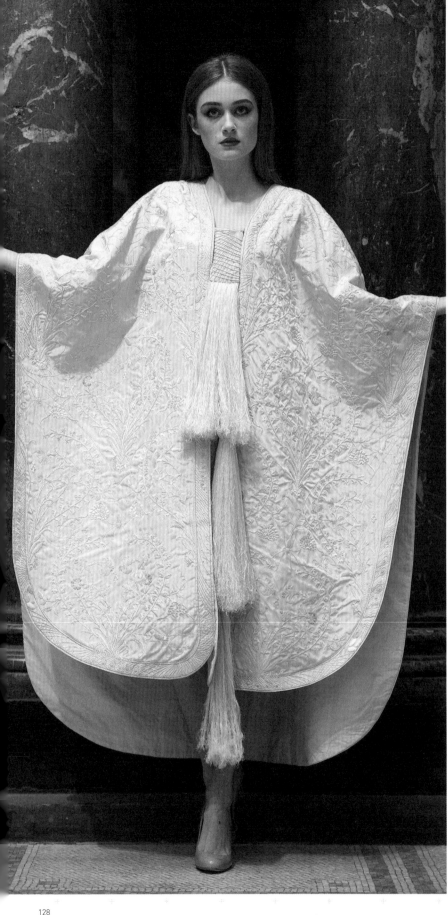

左图：2012 年，在英国伦敦维多利亚与艾尔伯特博物馆内，模特比安卡·加夫里拉斯（Bianca Gavrilas）身着尼古拉斯·戈德利和西蒙·皮尔斯用黄金圆蛛的天然金色蛛丝制作的手工刺绣斗篷

生），就是蛛丝的原材料。黄金圆蛛可以通过在体内挤压这两种酸的长分子蛋白液来控制纤维聚合物的微观结构，使其呈现出不同的特性。

20 世纪 90 年代，英国牛津大学的沃尔拉斯和他的团队对蛛丝的合成机制进行了基础性的研究，发现可以通过添加某些特性的辅助化合物，控制主要蛋白质成分的折叠和结晶，从而形成具有明确层级结构的复合材料。蛛丝原液是液晶态的，在蜘蛛造丝过程中，可以用最小的力将其拉成硬化的纤维。这涉及两个过程：一个是在内部合成蛛丝原液的过程，另一个是蛛丝原液离开吐丝器后形成蛛丝的过程。2001 年，沃尔拉斯将此机制应用于仿生纤维纺丝机的设计中，再结合蛛丝原液的基因序列信息，让该机器模仿蜘蛛体内处理原液的过程。德国的 Spintec Engineering GmbH 公司制造的一种可商用的仿生丝纺丝设施，可以应用在伤口治疗、牙科和外科移植物的创新医疗设备的开发和生产中。这种创新的纤维挤出技术具有将信息引入纤维结构的潜力，能为汽车、服装、医疗和太空等不同行业提供可精细定制的人造蛋白质纤维。

上图：一个假牙套上的两颗假牙，目前由聚甲基丙烯酸甲酯（PMMA）制成，未来可被仿生丝取代

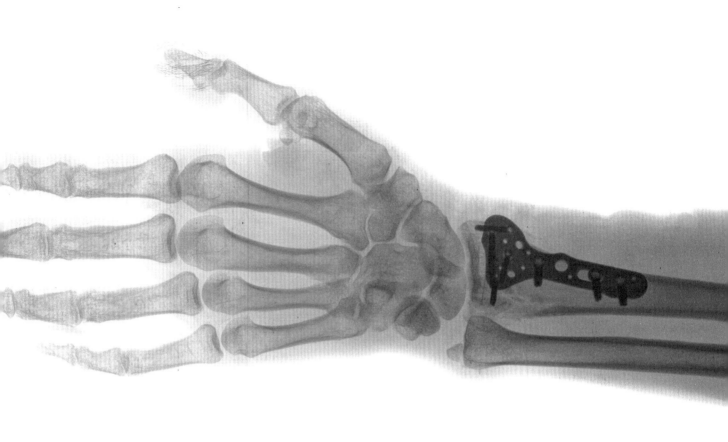

**左图：** 狼蛛的吐丝器

**下图：** 由外科手术级别不锈钢制成的生物医学板，作为外科设备、人体穿孔饰品和人体改造植入物使用，未来，可以用仿生丝取代如手部 X 射线图像中的金属植入物（上图）

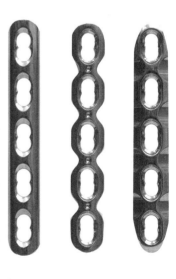

## 细菌丝　｜　螺栓螺纹
低能耗微生物工厂　发酵与高能反应

细菌菌落在琼脂培养皿中生长

20 世纪初，化纤工业的诞生标志着制作茧丝的古老工艺迈入了现代兼具力学与美学特性的合成纤维时代。当前，我们已不仅将目光停留在蜘蛛丝上，还试图以生物学的方式制造有类似特性的聚合物，从而避免过去重工业流程导致的各种问题。这种新的制作方式启发了新一代的企业家，现如今，生产模式不再由工业家主导，合成生物学家和生物

工程师正努力开发新的纺织纤维生产方式。生物技术听起来像是一门新兴学科，但其根源早已存在于几个世纪以来的食品加工技术中。如啤酒、葡萄酒、酸奶、奶酪和面包等产品，都是利用微生物在合适的环境条件下将物质（通常是糖）从一种状态转化为另一种状态的产物。现在，经过特殊选择或改造的微生物能够完成特定的任务，它们既可以用来清

理被污染的场所，也可以用来制造药品。

## 发酵法生产纤维

Bolt Threads 是一家年轻的美国公司，由丹·维德迈尔（Dan Widmaier）、大卫·布雷斯劳尔（David Breslauer）和伊桑·米尔斯基（Ethan Mirsky）组成的团队创立，他们开发了一种使用发酵法生产的纤维。该团队从对蜘蛛丝的纤维特性和 DNA 之间关系的研究中获取了非常重要的信息，并开创了一种新的发酵工艺，能够利用糖、水、盐和酵母溶液培养出与蜘蛛丝具有相同分子结构的蛋白质材料。具体来说，首先，用基因改良后的微生物将糖分转化为液态蛋白质；其次，通过小孔将液态蛋白质挤压到一个特定的化学品池中，使液体固化成纤维。这种工艺被称为湿法纺丝，也可用于生产丙烯酸纤维等。虽说 Bolt Threads 研究制造的纤维还未进入商业化阶段，但该公司已计划在不久的将来推出包括服装在内的商业产品。

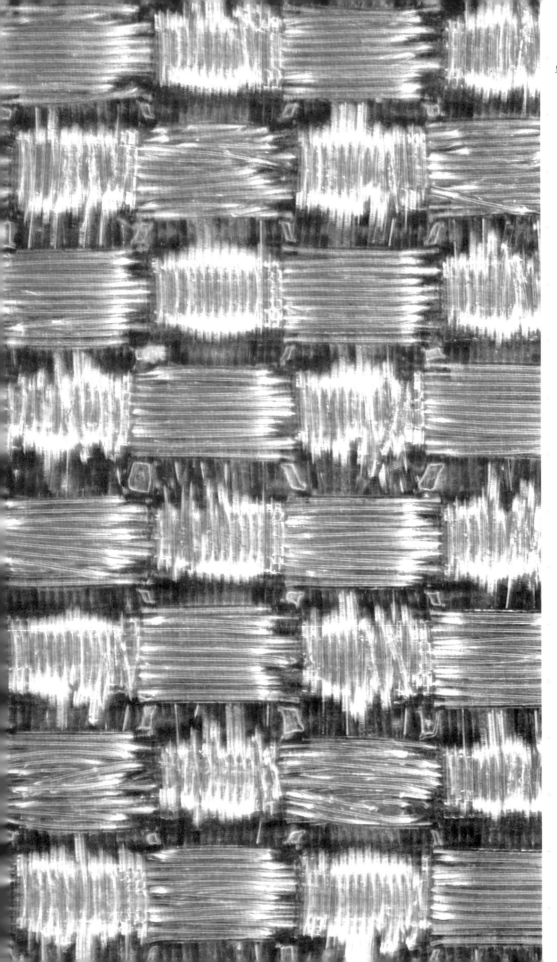

显微镜下由细长丝线制成的编织物

**右图：** 工业发酵桶的检修孔

**下图：** 正生产纺织品的工业织机

# 细菌纤维素 | 生物时装

发酵茶 | 生长的服装

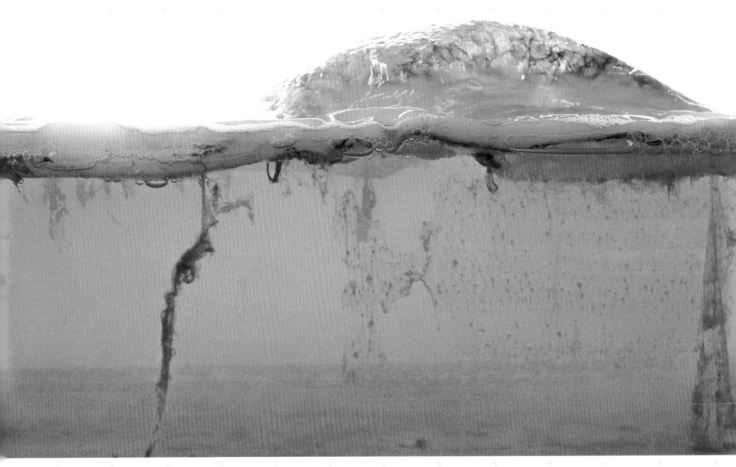

**上图:** 经过改良的康普茶在发酵过程中，液体表面形成了纤维素表皮

**右图:** 发酵的细菌和酵母菌共生菌落漂浮在培养液表面

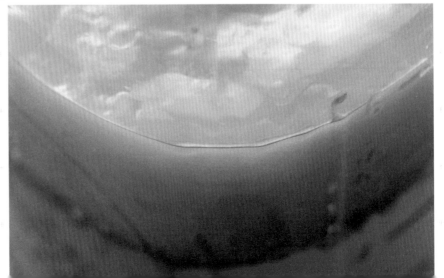

康普茶是一种古老的饮料，被认为具有治疗疾病和保健的作用。它是通过使用细菌和酵母菌的共生菌落（SCOBY）对加糖的茶水进行发酵后得到的，这种共生菌落看起来表面潮湿，质地又厚又有弹性。尽管目前没有科学依据表明其

Biocouture 的和服（右）和紧腰短夹克
（下），由干燥后的细菌纤维素材料制成，
并带有印花细节；仿"牛仔夹克"（底），
由染成深蓝色的细菌纤维素材料制成。

对健康有益，但至少该饮料含有维生素
C 和 B 族维生素，以及菌群在分解糖时
产生的有机酸。

## 生长的材料

在创新领域，人们越来越渴望寻找
和探索新的材料和制造方法。时装设计
师苏珊·李（Suzanne Lee），将生物制
造技术（用活细胞、细菌和生物化学分
子等生物系统制造复杂的产品）开创性
地用在了时尚和奢侈品行业中。她将微
生物视为未来的工厂，并成立了一家生
物时装咨询公司 Biocouture，探索可生

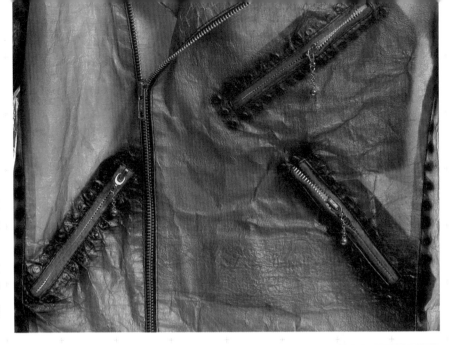

长材料的制造方法以及这种材料在时尚领域的应用范围。该公司创立了一个交流平台，可以与生物学家合作并进行发酵实验。

康普茶中 SCOBY 展现的独特弹性质感，也让苏珊产生了兴趣。SCOBY 之所以会有这种质感，是因为它本身由长链纤维素微纤丝（纤维素聚合物簇）组成，在发酵过程中能够生长并形成片状。如果将这些片状物脱去水分，便会得到一种类似皮革的材料。这个现象启发了苏珊，她想用这些细菌产生的纤维素薄片来制作服装。经过紧张的实验后，她独创了一个"工具箱"，能够对这种材料自由上色，改变其纹理和形状，从而制造实验性的服装和配饰。尽管目前这种材料仍处于实验阶段，但其工艺已被国际上许多"生物黑客"（在临时实验室进行合成生物学实验的非专业人员）研究采用。不过，如果想要将这种材料作为真正的服装替代材料，还有赖于合成生物学的长足发展，以实现纤维素结构的自由调整。但从另一方面来讲，对于这种极具潜力的材料，将它作为信息材料（一种聚合物，其特性由单体结构组织的形式决定）的试验田进行仿生创造也是十分合适的。

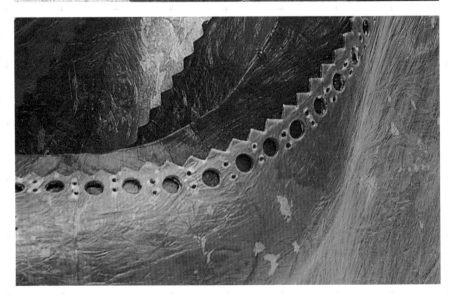

顶图：Biocouture 公司生产的细菌纤维素机车夹克的拉链细节

中图：一排排发酵盆，用于培养细菌纤维素材料

右图：用细菌纤维素材料制成的鞋的细节，由 Biocouture 公司出品

# 菌丝体

大自然的分解者

# 蘑菇材料

可生长的产品

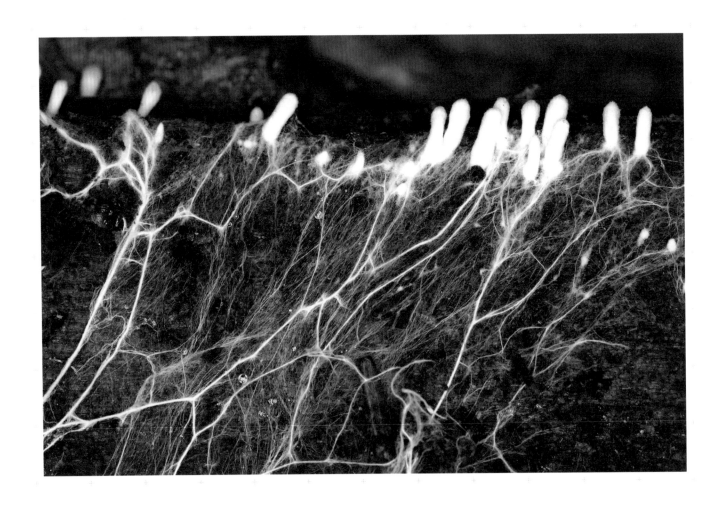

菌丝体在土壤中成形，展现出菌丝细根
的复杂网络

真菌构成了一个独特的王国，与动植物、细菌和原生动物都不相同。真菌是异养生物，这意味着它们只能靠分解聚合物的方式获取食物。真菌对其栖息的陆地和水生环境来说十分重要，因为它们能够将环境中的枯叶和朽木等植物性物质分解为营养物质，让基本物质回归生态系统。整个分解过程是通过菌丝体（译者注：菌丝的集合体）的复杂根系完成的，这些菌丝（译者注：单条管状细丝，大多数真菌的结构单位）好像分叉的细丝组团。由这些细丝分泌专门的酶会将纤维素等生物聚合物分解为单体。

## 用蘑菇制作的包装材料

美国 Ecovative 公司是一家富有远见的创新生物材料公司，它利用秸秆和种子壳等农业废物制造的完全成型的包装产品可以替代被大量使用的聚苯乙烯等热塑性聚合物包装产品。该公司创始人埃本·拜耳（Eben Bayer）和加文·麦金太尔（Gavin McIntyre）发现，菌丝体在分解农业废物过程中产生的根状细丝就像一种自组装的聚合物，可以将蘑菇和有机物结合成固定结构。这种利用蘑菇制造的材料与塑料的性质相似，但优势是在一般环境条件下就可以制造，过程中也不使用其他化学品，并且完全可以用于制造肥料。由这种材料制成的第一批上市产品是定制的保护性外包装模具组件。许多具有生态保护意识的制造商已经开始用 Ecovative 制造的材料取代常用的聚苯乙烯包装，小到敏感的电子元件，大到重型家具，都能够使用这种材料的包装来运输。该公司在过去几年中发展迅速，现在已拥有一个设计团队，专门研发由蘑菇材料制成的系列产品。

**下图：** 浅褐色山毛榉蘑菇，一种原产于东亚的可食用蘑菇

**底图：** 由 Ecovative 公司的蘑菇材料制成的包装产品

## 组织培养 ｜ 肉类和材料

从活体细胞中采集 ｜ 无受害者皮革制品

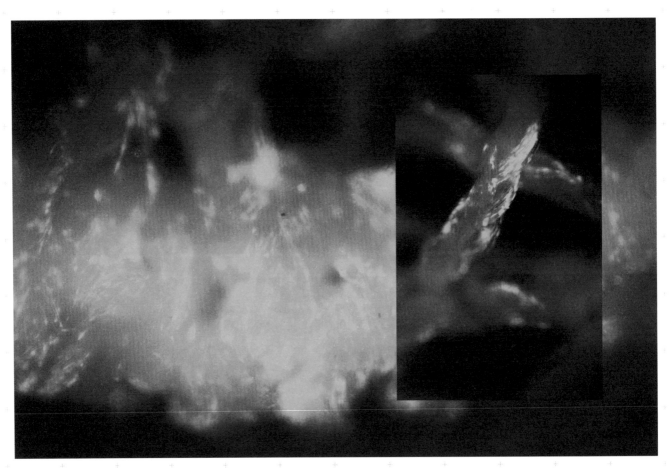

生物制造可以定义为用活细胞、分子、细胞外基质和
生物材料等原材料生产复杂的生物和非生物制品。

——弗拉基米尔·米罗诺夫（Vladimir
Mironov），2009 年

艾米·康登的"组织工程纺织品"项目实
验中嵌入细胞的丝质缝合线（插图：放
大 40 倍后）。细胞用荧光显微镜突出
显示

生物工程学最初的研究重点是医学
应用，如尝试培养用于移植的组织或器
官，以提供更安全有效的移植程序，而
不用依赖器官捐赠者。如今，生物工程
学有着更广泛的应用范围，生物制造等
技术已被应用于食品、化妆品，甚至时
尚行业的新材料研发上。

### Modern Meadow 公司

总部位于美国的 Modern Meadow 公司
于 2011 年由安德拉斯·福加斯（Andras
Forgacs）、加 博 尔·福 加 斯（Gabor
Forgacs）、弗朗索瓦兹·马加（Francoise
Marga）和卡罗里·雅各布（Karoly Jakab）
创立。这家创新公司关注全球范围内工厂

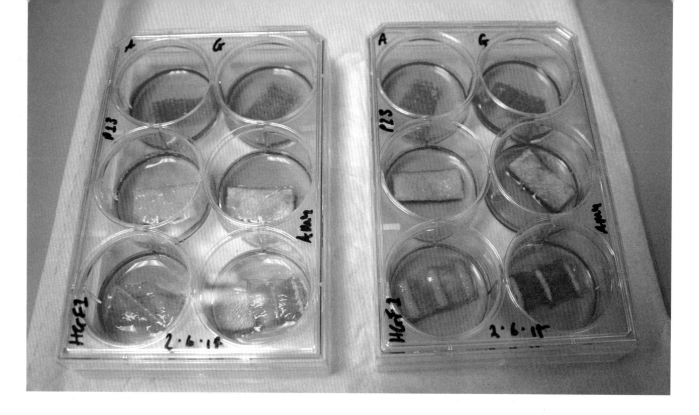

化养殖和肉类行业对环境的影响，以及不断增长的世界总人口和新兴经济体对肉类需求的预期增长。最初的团队提出了在实验室中培养动物细胞来培育肉类的想法，这样就可以不再宰杀动物了。这种新型工艺只需要从动物身上获得少量肌肉或皮肤细胞，而不会对它们造成伤害，然后使用生物制造技术，让这些细胞在临床环境中自然生长、分裂，从而在实验室的托盘中用皮肤细胞培育出皮革，用肌肉细胞培育出肉类。公司早期的产品原型之一——牛排切片就是一种用生物制造技术生产的牛肉食品，该产品也受到了媒体的广泛关注。

利用皮肤细胞制造生物皮革对时尚和消费品行业来说是一个非常重要的发展。这种材料没有咬痕、疤痕和颜色不均匀等缺陷，而且可以按照特定尺寸生产，将浪费降至最低。这种无受害者的方法还未开始商业化，一旦成功，可以显著降低对环境和伦理的不良影响，为传统皮革制品行业的发展带来重大的模式转型。

**顶图：**艾米·康登项目中培养细胞的支架

**上图：**皮革饮水容器。自新石器时代起，人们就开始用兽皮制作饮水器皿

尼龙单丝缝合线
用 hBMSc-GFP+ 细胞接种
培养 8 天，荧光显微镜下放大 10
倍照片

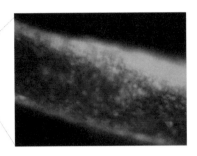

磷酸钙

缝合丝线
接种 HOB 细胞，培养 4 天，荧光
显微镜下放大 10 倍照片

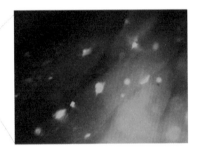

淡水珍珠
用 HOB 细胞接种

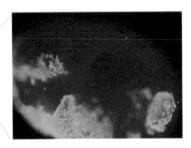

施华洛世奇水晶
植入 HOB 细胞培养数天，荧光显
微镜下放大 4 倍照片

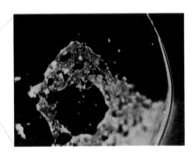

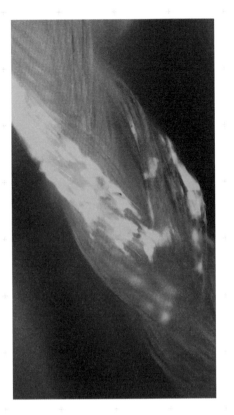

左图：艾米·康登的材料实验
上图：艾米·康登研究项目中嵌入细胞的
缝合丝线

## 组织工程纺织品

艾米·康登（Amy Congdon）是一位来自伦敦的设计师，她对探索设计和科学之间的交叉很感兴趣，尤其是利用组织培养技术创造时装和珠宝材料。为了进一步了解和研究这些技术的应用边界，康登将传统的设计工作室搬到了伦敦国王学院的生命科学实验室。她与伦敦国王学院组织工程教授露西·迪·西尔维奥（Lucy Di Silvio）正在合作开展一个研究项目"组织工程纺织品"，通过在专门设计的数字化刺绣支架上培养细胞并对细胞的生长进行实验，研究如何结合纺织技术为未来的材料和产品的生产提供新方法。尽管目前该项目尚处于实验阶段，但康登的工作可能会为产品和时尚设计带来一种全新的，可在一般环境条件下自然生长的生物降解材料。

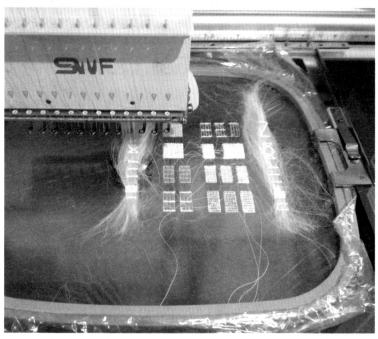

**顶图：**用于为艾米·康登"组织培养纺织品"项目培养细胞的支架消毒的罐子

**左图和上图：**艾米·康登使用商业数字化刺绣机制作的纺织支架

# 光合作用

从二氧化碳到糖类和氧气

# 生物电池

受植物启发设计的替代能源

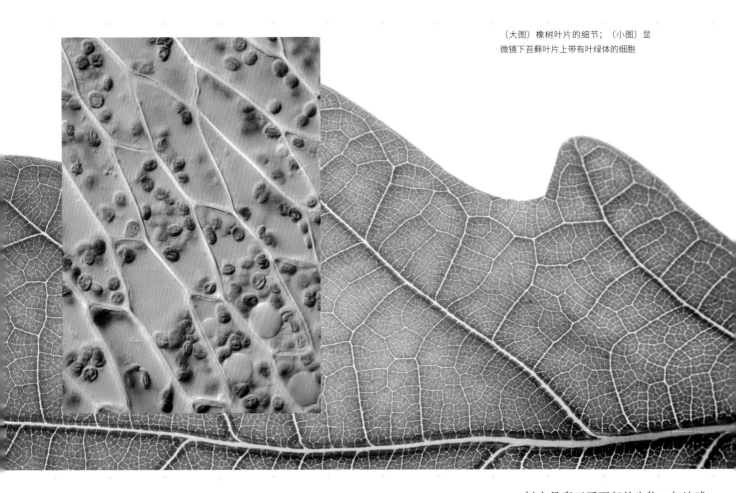

（大图）橡树叶片的细节；（小图）显微镜下苔藓叶片上带有叶绿体的细胞

全球森林每年从大气中清除 24 亿吨碳，并吸收 88 亿吨二氧化碳。

——美国林业局，2011 年

树木是真正了不起的生物，与地球上的所有生命都有着千丝万缕的联系。生物体产生二氧化碳，而树木吸收二氧化碳，并释放其他生物维持生命所需的氧气。自工业化以来，森林就如同二氧化碳收集场，以吸收二氧化碳的形式清除空气中的污染，并将其转化为葡萄糖。树木过滤空气的功能是通过树叶实现的，因为叶片中含有叶绿素分子（也是树叶颜色的来源），通过光合作用，叶绿素

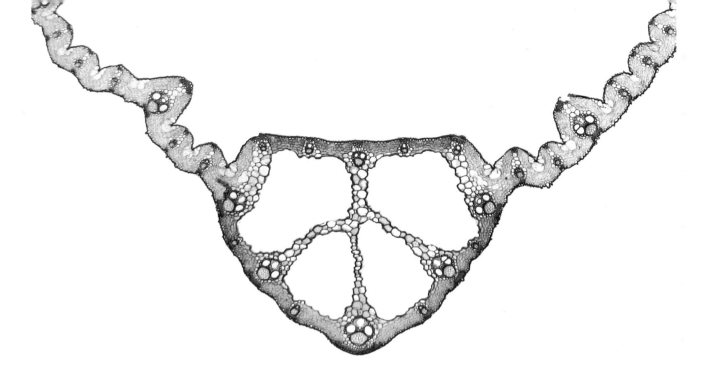

上图：放大 40 倍的水稻叶片横截面
左图：蕨类植物叶子的细节

上图：放大 40 倍的水稻叶片横截面

左图：蕨类植物叶子的细节

利用阳光中的能量将水和二氧化碳转化为葡萄糖和氧气（释放到大气中）。在光合作用的过程中，太阳的光能转化为化学能（葡萄糖分子的能量）。葡萄糖分子被用于呼吸作用（植物与外界的气体交换）或以淀粉的形式储存。树林如同巨大的太阳能电池，能够大量获取和储存太阳光中的能量：对于到达地球的太阳能，生物体只能储存不到 0.1%，而其中 50% 都储存在树木中。

太阳的光能是一种可持续能源，但利用率极低，目前将太阳能转化为电能的光伏太阳能电池技术正在进步，不过要使这些设备真正融入我们的日常生活还有很长的路要走，其中一个关键的障碍就是，用于生产电池的材料需要高能耗的技术工艺，相比之下，树叶是在自然环境条件下就可以生长的。

上图：硅晶片在电子领域用于制造集成电路，在光伏领域用于制造传统的硅晶片基太阳能光伏电池

下图：带有光伏电池的硅晶体

## 生物电池

2010 年，柳元亨（Won Hyoung Ryu）教授带领韩国延世大学和美国斯坦福大学的科学家团队成功地利用单个藻类细胞在光合作用过程中的电子活动产生电流。该团队开发了一种技术，通过将超锋利的金纳米电极插入藻类细胞的叶绿体（光合作用器官）中，提取出微小的电流。这一技术突破有望成为产生高效能生物电的第一步，而且生产过程中不会产生二氧化碳。该团队目前只能从单个细胞中获得一皮安（一万亿分之一安培）的电流，也就是说，需要一万亿个细胞进行一小时的光合作用，才能获得相当于 AA 电池中储存的能量。此外，藻类细胞在一小时后就会死亡（可能是因为缺乏存活所需的能量），因此对于研究团队来说，还有很多工作要做。柳元亨估计目前获得生物电能的工艺效率约为 20%（传统光伏电池目前的效率为 20% ~ 40%），他希望在不久的将来达到 100% 的效率，

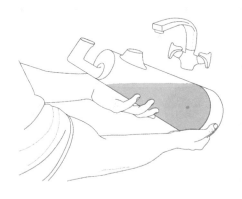

海藻灯原型。藻类产生的能量可以用来发光

**上图和右图：**海藻灯概念图

**底部右图：**将从藻类中获取的能量储存在电池中，用于为灯供电的原理示意图

比燃烧生物燃料更高效、更可持续。

## 海藻灯

　　来自荷兰埃因霍温的设计师马克·汤普森（Mark Thompson）受柳元亨团队工作的启发，提出了一个设想，未来用藻类在光合作用中产生的生物电能为电气设备供电。为了探索这一潜在的未来市场，汤普森创造了海藻灯（Latro Lamp，Latro在拉丁语中是"小偷"的意思）的设计概念。纳米技术的进步为 LED 等电气设备节能组件的开发铺平了道路，汤普森的海藻灯将藻类的能量与小吊灯的功能特性结合了起来。藻类位于灯的上部，使用者需要对着灯的手柄呼吸，吹入光合作用所需的二氧化碳，然后将灯放在阳光下进行光合作用。当二氧化碳和水发生转化时，氧气就会通过喷嘴释放出来。发光强度由一个传感器监测，当发光强度超过一定阈值时，该传感器会收集电能，这样在获取生物电时不至于使藻类营养不良，产生的多余电能还可以储存在电池中，以备不时之需。

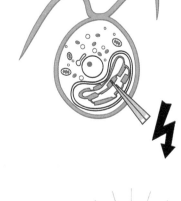

未来，我们的能源需求可以通过多种方式来满足，其中最重要的是利用对我们来说最直接的自然环境中的能源储备。

——马克·汤普森

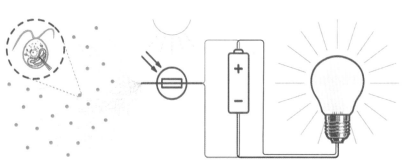

## 细菌　混合动力电子设备

微生物工厂　生物学与机器的交叉

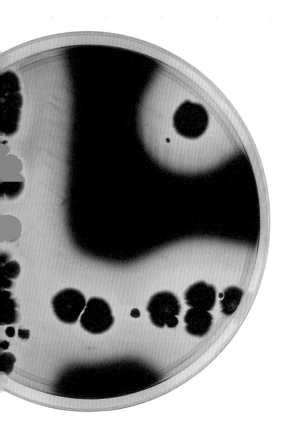

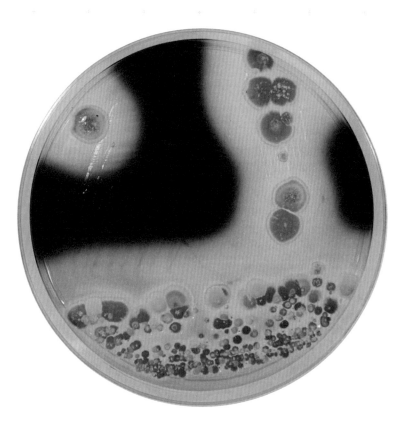

琼脂上生长的放线菌

细菌、真菌和酵母等微生物能够在其周围产生复杂的聚合物，以此形成与外部环境隔绝的菌落。这种复杂的聚合物既可以作为菌落的保护屏障，使其能在恶劣环境中生存，也可以作为储存营养素、水和其他资源的一种方式。这种微生物产生的聚合物质被称为生物膜，在自然界中非常常见。细菌生物膜以互相协调的方式运作，能够自行组装、管理资源，等等，类似于多细胞生物。生物膜（尤其是细菌生物膜）复杂的性质，

为合成生物学家带来了大量的研究方向，例如，可以利用科学技术来控制这些菌落的形成和行为，以此设计出新型生物混合材料和设备。

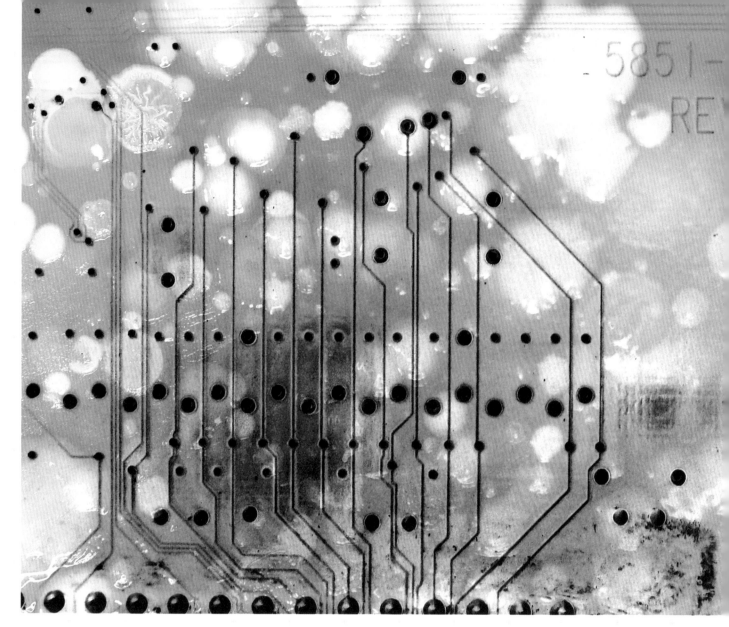

生物电子电路概念设计图

## 细菌电子学

2003 年，哈佛大学和麻省理工学院的科学家和工程师组成了一个跨学科的研究团队，在艾伦·陈（Allen Chen）和卢冠达（Timothy Lu）的领导下，借助控制基因网络的能力，创造出了一类含有金纳米颗粒和量子点（半导体材料的纳米级晶体）等非生物成分的新型生物材料。经过改造的细菌细胞产生的生物膜能够容纳非活性成分，因而形成了一种混合生命系统，这种系统除了可以做到如发光和导电等非生命系统能做的事情，还具有典型生命体的功能，如自我组装和自我修复。

该研究团队在项目中使用的是大肠杆菌，因为它能自然产生含有 curli 纤维（由一种蛋白质亚基的重链组成）的生物膜，这种纤维的毛发状结构能使大肠埃希菌附着在任意表面上。卢冠达和他的同事通过引入肽链来改造 curli 纤维的结构，这种方法能够捕获金、微小晶体或量子点等非活性的纳米级颗粒，并将其结合到生物膜中。

这项研究将合成生物学的范围扩展到非常具体的电子和光学设备的生产中。研究团队设想了从电池、太阳能电池到生物燃料和诊断设备的各种应用前景，或许在未来，人们可以通过细菌制造各种部件，甚至整个电气设备。

# 黏菌　无需大脑的计算

主逻辑　变形虫处理器

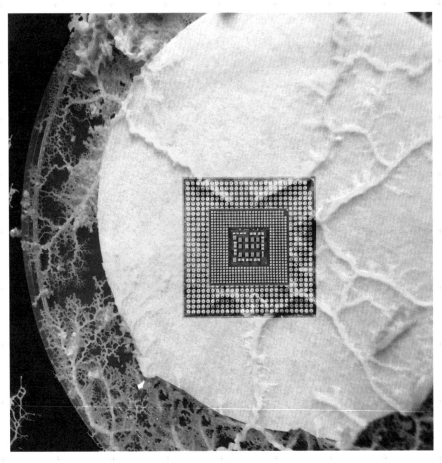

**上图：**生物处理设备的概念图

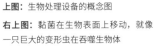

**右上图：**黏菌在生物表面上移动，就像一只巨大的变形虫在吞噬生物体

黏菌是一种简单的生物，但能够做出令人难以置信的复杂行为。多头绒泡黏菌（Physarum polycephalum），或者叫多头黏液（many-headed slime），实际上根本不是霉菌，而是一种没有神经系统的单细胞变形虫。它通常生活在森林中的地面上，多个个体会凑在一起形成组团，在落叶和原木中搜寻细菌、真菌孢子和其他微生物，并将其包裹起来作为食物消化。

多头黏液的个体群落会形成管状或卷须状的觅食网络，这些管或卷须的分支会将营养物质从一个点运输到另一个点。研究人员在实验室的限制条件下使用培养皿中的黏菌进行实验，结果发现这群无大脑的生物居然能够做出一些非常复杂的决策。他们能够通过简单地展开自身填充整个环境，以便在复杂的环境（如迷宫）中识别获取食物的最短路径，而没有找到食物的卷须会回缩，留下的黏液痕迹会告诉其他细胞这个位置或路径上没有食物，因此应该避开，将资源集中在食物丰富的路径上。

接下来，为了测试黏菌寻找食物的逻辑范围，科学家设计了一些实验，包括在模拟的主要城市和城镇区域放置食物，来观察黏菌的反应。令人惊讶的是，黏菌以极高的准确度展现了微缩版的东京铁路系统，以及加拿大、英国、葡萄牙和西班牙的主要道路。在短短26小时内，黏菌就解决了现实世界中的问题，而这些问题需要城市规划者、工程师和建筑师团队数花费十年才能研究明白。

右图：松树上覆盖着的黄色黏菌；（插图）表面布满黏菌的原木

下图：黏菌的特写

## 黏菌计算机

英国西英格兰大学非常规算法教授安德鲁·阿达玛兹基（Andrew Adamatzky）和德国魏玛包豪斯大学的新媒体艺术家特里萨·舒伯特（Theresa Schubert）认为，多头黏液的特性可能会带来计算机科学范式的转变，使其从硅基计算转变为生物计算。这种单细胞生物可以作为逻辑电路，在生物计算机上发挥作用。跨学科研究团队在实验工作中发现，他们可以操纵生物体机械地打开或关闭"门"，就像计算机芯片的逻辑门一样，进行阻断和重定向的操作。该团队研究成果表明，黏菌网络可以实现简单的布尔逻辑运算（二进制计算中的一个关键系统）。这项技术的潜力在于可以创造成本低廉的、可自由支配的、可自我生长和修复的"湿软件"（被视为计算机程序或系统的人脑）。

## 黏菌控制机器人

英国南安普顿大学的克劳斯·彼得·扎纳（Klaus-Peter Zauner）博士是一名工程师，他创造了一种由黏菌控制的机器人。扎纳培育了一种特殊的星形多头黏液样本，并将其星形的六个分支都分别连接到机器人的六条腿上。由于这种特殊黏菌天性不喜光线，他用白色光束照射该生物体的一部分，便会使其振动并改变厚度，从而控制机器人的运动。这些振动信号被传输给计算机，然后计算机发送信号，来控制相关腿的移动。在这种机制下，将光束指向黏菌的不同部位，就可以使不同的腿交替运动，最终让机器人行走起来。扎纳设想，未来的机器人设备可以由能够自我修复和重组的生物体进行控制。

# TOWARDS 4D DESIGN

## DESIGN

**走向4D设计**

从远古洞穴墙壁上的刻痕标记到现代化的数字革命，信息生成、存储和管理的性质发生了翻天覆地的变化。如今，数据已成为一种商品，可以利用深入现代生活的数字技术进行交换、存储和挖掘。但生物信息的性质并没有改变，温度、湿度、化学性质（如气味）和光都是信息的载体。上一章"制造"开启了关于生物系统中信息的物理形式，以及它们如何启发低能耗、可持续、闭环的产品创造的探索。合成生物学研究团队的工作已经开始转向探索信息丰富的材料和结构，充分了解这些研究对象可以帮助人们用更少的资源做更多的事情。

本章将探讨如何在人造结构中引入信息，以期实现先进的、类似生物的行为，如逻辑行动，自我组装与自我修复，无电路、电机和电力参与的自主运动，简而言之，实现4D 设计——将空间和时间因素都纳入设计，从而使物体的属性在未来某个时刻会因受到不同的刺激而发生改变。可编程材料和结构这一领域尚处于起步阶段，但在实验室和工作室中进行的初期探索已经能够让我们看到一个与事物特性截然不同的世界。

一只正在游泳的乌贼。奥托·赫伯特·施密特发明的"热电子触发器"灵感来自他对乌贼神经脉冲的研究

　　奥托·赫伯特·施密特是现代仿生学先驱（见第 2 页），也是一位跨电气工程、生物物理和生物工程等多个领域的高产创新者。他还同时拥有动物学、物理学和数学的本科和研究生学位，对自然现象有着独到的见解。据说，施密特是一个好奇心极强的人，为了解决在电气工程中遇到的问题，他花了很长时间观察青蛙，想弄懂青蛙在确定跳到哪片莲叶上时的决策过程。他推断出青蛙通过不断地向肌肉发送反馈来记录自己跳跃的位置，在确定完美轨迹后才跳跃。之后，他便把这个想法用于开发自调节的电路上。

　　从 1949 年到 1983 年，施密特一直在美国明尼苏达大学担任教授，并在那里创建了该校的生物物理实验室。在他的职业生涯中，他开发了许多当今驱动设备的基本电子元件，如射极输出器和差动放大器等，被广泛应用于工业控制、扬声器和音像系统中。

1938 年，施密特在攻读博士学位期间，研究了乌贼神经的传导性，以及电脉冲在乌贼神经细胞之间的传递方式。他将这些信息应用于电子电路的设计，使恒定的电子信号能够激发开或关的状态。由于电子信号的输出值保持不变，直到输入值发生充分变化后才触发整体变化，因此这个发明叫作"触发器"。该触发器可用于将模拟信号转换为数字信号，有着极其广泛的应用场景，如我们熟知的计算机键盘的信号输入等。

**右图：** 欧洲乌贼

**下图：** 电子电路板细节

**底图：** 旧印刷电路板的局部，带有部分电子元件

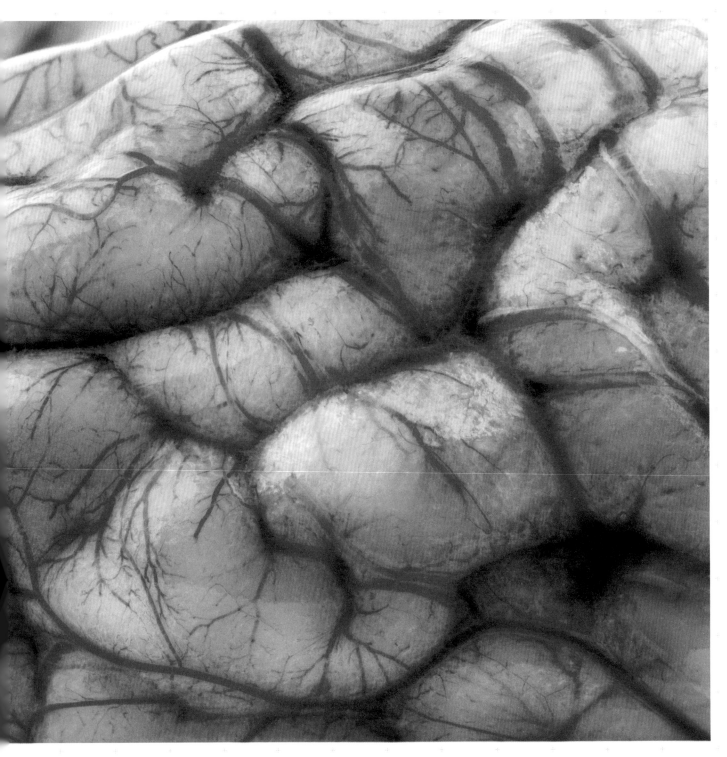

# 大脑

## 智能机器

神经系统的集中控制 | 合成思维

人工智能——制造智能机器的科学和工程。

——约翰·麦卡锡（John McCarthy），1955 年

布什尔州汉诺威的达特茅斯学院合作完成了一个研究项目，由此开创了人工智能研究，后来他们也成了该领域的领导者。这一领域的早期工作对普通消费者的影响并不明显，然而，在大众视野之外，它推动了医疗诊断和数据挖掘等领域的重大飞跃。智能手机中的智能个人助理，如 Siri（苹果）、Cortana（微软）和 Google Now，以及 Xbox 360 和 Xbox One 的 Kinect 3D 身体运动界面，都在使用基于早期人工智能研究的算法。

**对页图：** 绵羊大脑的细节

**上图：** 索尼公司开发的 AIBO 机器宠物

### 机器宠物

AIBO 是世界上第一只机器宠物，由索尼计算机科学实验室（CSL）的工程师土井利忠（Toshitada Doi）和人工智能专家藤田雅弘（Masahiro Fujita）合作设计，并于 1999 年推出。土井邀请插画师空山基（Hajime Sorayama）为 AIBO 的身体进行初步设计。AIBO 是日语中朋友、伙伴或助手的同音词，因此被设计为一种类似狗的形态。经过几代人对该产品的迭代，最终的型号具有语音识别功能，爪子和下巴带有压力传感器，背部和头部带有静电传感器。它的眼睛与一台精密的摄像机和一个 LED 显示屏相连，能够

关于人工合成的自主生命的故事可以追溯到几千年前，这种故事在很多古代文明中都很常见。古希腊神话中的塔罗斯就是一个用青铜铸造的巨人，他每天绕克里特岛海岸三圈，保护高贵的腓尼基公主欧罗巴免受绑架者和入侵者的袭击。现代小说中也多有类似的人物。玛丽·雪莱（Mary Shelley）的哥特式经典小说《弗兰肯斯坦》（Frankenstein）（1818 年）讲述了一种用从刚死去的人

身上捡回的残肢等部位拼成的类人生物。科幻作家菲利普·K. 迪克（Philip K.Dick）在《仿生人会梦见电子羊吗？》（Do Androids Dream of Electric Sheep?）（1968 年）中描述了一种和人类几乎一样的仿生机器人。这两部作品都描述了人造生命面对的考验和磨难，其背后是人类对人工智能领域伦理道德层面问题的关注。

1956 年夏天，美国计算机科学家约翰·麦卡锡与马文·明斯基（Marvin Minsky）、艾伦·纽厄尔（Allen Newell）、阿瑟·塞缪尔（Arthur Samuel）和赫伯特·西蒙（Herbert Simon），在美国新罕

表现 60 多种情绪状态。这种先进的技术系统使机器宠物能够与主人进行复杂而亲密的互动。尽管 AIBO 已于 2006 年停产，但该产品在设计史上具有重要的里程碑意义。纽约现代艺术博物馆和华盛顿特区史密森学会将其作为"娱乐机器人"的范例永久收藏。

## 合成大脑

人脑是一台功能强大、节能且可以自我学习、自我修复的计算机。当今人工智能领域前沿的研究人员认为，如果我们能够理解并模仿人脑的工作方式，就可以获得彻底改变计算、医学和社会的技术。

始于 2005 年的欧洲蓝脑计划（Blue Brain Project），目的是逐块重建大脑，并在超级计算机中构建一个虚拟大脑，为神经科学家提供一个更好地了解神经系统疾病的工具。

由瑞士洛桑联邦理工学院教授亨利·马克拉姆（Henry Markram）领导的团队在五年内成功模拟了大鼠大脑的皮质柱，这是一个针头大小的简单神经元网络（相对于人类大脑而言）。借此成果能够创建出大脑基本组成部分的仿真模型，该模型与之前多年的神经科学观察和实验结果紧密相关。

在蓝脑计划取得成功的基础上，该项目的联合体团队的规模显著扩大（从

13 个合作伙伴增长到 86 个），成立了一个致力于创建虚拟人脑的超级团体，即"人脑计划"（Human Brain Project, HBP）。

HBP 项目主任马克拉姆认为，通过人脑建模获得的知识将使我们能够设计出比目前更智能的超级计算机、机器人、传感器和其他设备。这项工作可以帮助我们了解脑部疾病的根本成因，进行早期诊断并开发新的疗法，同时还能减少对动物试验的依赖。该团体还计划探索更具哲学性质的问题，例如，到底什么是感知、思考、记忆、学习、认知和决策等。

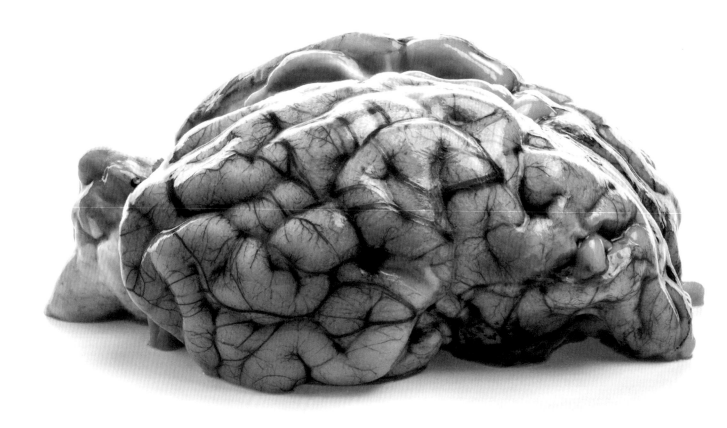

### 实验室里的思考

　　创建大脑模型无疑是研究大脑这一器官工作方式的重要方法。由英国阿斯顿大学教授迈克尔·科尔曼（Michael Coleman）领导的一个神经科学家团队，没有使用超级计算机，而是开发了一种新方法来模拟人脑的工作原理，从而创建人工思维的基础。该团队用人体内的一种天然分子来刺激经过改造的肿瘤细胞（不再分裂繁殖），使其发育并转化为神经细胞和星形胶质细胞（大脑的基本组成部分）共同培养。这些共同培养物会发育成相连的微小细胞球，即神经球。神经球能够处理简单的信息，这基本上就构成了思想的基础。研究团队的目标是利用这些微小的细胞球来开发新的治疗方法，以治疗如阿尔茨海默病、运动神经元病和帕金森病等神经退行性疾病。

**上图**：星形胶质细胞是大脑皮层（如图）和脊髓中特有的星形细胞

**对页图**：绵羊的大脑

**上图：** 幼年或半成年的梭鱼成群结队出现

**右图：** 黄昏时分，成群的椋鸟在天空中盘旋

在自然界中，家族群体庞大却有着高度组织行为的动物几乎随处可见。蜂群、蚁群、鱼群和鸟群都是"群体社会"的例子。这些生物群体表现出了复杂的无领导合作行为，数十年来不断吸引着生物学、数学和机器人研究人员探索，最终形成了"群体智能"（SI）这门新学科。群体智能专注于研究去中心化、自组织的自然或人工系统的集体行为，这些行为是由个体与个体之间，以及个体与环境之间的互动产生的。

# 红火蚁 | 群体机器人

相互协作的超级有机体 | 自组装系统

众所周知，蚂蚁是团体协作的动物族群。这些微小的昆虫可以共同完成多项复杂的任务，包括觅食、筑巢和培育食物。内森·姆洛特（Nathan Mlot）是美国佐治亚理工学院机械工程专业的研究生，他想了解为什么单只红火蚁会在水中挣扎，而红火蚁群可以毫不费力地在水上漂浮数月。红火蚁生活在巴西的热带雨林中，那里经常遭受严重的洪水灾害，为了在这片栖息地上更好地生存，红火蚁群演化出了天才般的策略来保持其群落井井有条。姆洛特试着用延时摄影来捕捉红火蚁这些非凡行为背后的机制，结果发现，这种蚁类会自我组装，形成具有梯子、链条、墙壁和木筏等功能的结构，这些结构完全由其下颚和腿连接在一起组成。红火蚁筏是一种稳固、持久的结构，可以让整个蚁群漂浮在水面上，必要时可维持数月之久，直到它们找到新的栖息地。红火蚁群会表现出一系列新的特性：蚁筏具有良好的防水性、令人难以置信的稳固性和自我修复能力。以上特性表明，当红火蚁作为一个集体联合起来时，它们就会成为一个超级有机体。

一起工作的红火蚁

哈佛大学开发的 Kilobots 集群机器人。
每个个体都只有 3 厘米高

## 群体机器人

研究人员对蚁群、鸟群、兽群、鱼群、菌群等生物实例的行为进行了研究，以了解生物个体间看似随机互动的交流本质，以及这种交流如何影响集体智慧行为的出现。由此得到的"群体原理"被转化为算法输入计算机，以创建模型进行模拟和预测，应用于简单的群体机器人实验。

对红火蚁的研究催生了群体机器人技术的新学科——一个研究协调多机器人系统的领域。多机器人系统由大量简单的机器人组成，内置简单的恒定反馈系统，如射频或红外系统。其假设是，简单机器人之间或机器人与环境之间的互动有可能会产生令人难以置信的复杂行为。

群体机器人技术发展的最初目标之一是生产简单、低成本、一次性个体机器人。LIBOT 机器人系统就是一种用于室外作业的超低成本群体机器人，这些机器人使用全球定位系统和收发器模块来相互通信，以及与基站通信。

由英国林肯大学计算机智能实验室制造的 Colias 微型机器人，具有基于蝗虫视觉系统的障碍物探测机制。蝗虫在自然界中进化出了被称为"小叶巨型运动检测器"的特殊神经元，它们可以对靠近它们眼睛的物体做出反应，采取规避行为。基于同样的道理，三个短距离传感器与一个简单的处理器相连，就可以检测到靠近机器人个体的障碍物，机器人可以通过远程红外线接近传感器与其他个体通信。

2014 年，由哈佛大学的拉迪卡·纳格帕尔（Radhika Nagpal）领导的自组织系统研究小组建造了目前世界上最大的单个机器人群体 Kilobots。Kilobots 由 1 024 个独立、简单的三足机器人组成，每个机器人只有几厘米高，它们能够通过彼此间的红外通信组装成各种形状，如五角海星或英文字母。

以目前的形式来看，群体机器人是研究群体逻辑和改进设备设计的重要研

**顶部右图:** 微型机器人的概念设计

**上图:** 电影 Skinsucka 中探索人与机器人共生概念的场景,展示了一群微型机器人在身体周围编织出一张材料网(顶图),清除面部的死皮(中图),并在身体周围旋转生成一件衣服(底部)

究工具,其潜在应用领域十分广阔,除了国防和太空探索(如行星测绘),以及多用途自组装,还包括开发纳米级机器人,这种机器人可以进入人体,定位并攻击特定的发病部位,如肿瘤等。

### Skinsucka

Skinsucka 是一部只有四分钟的影片,也可以称为是一次"设计挑衅",由克莱夫·凡·希尔登(Clive van Heerden)、杰克马马(Jack Mama)和时尚科技公司 Studio XO 的创意总监南茜·蒂尔伯里(Nancy Tilbury)共同制作完成。Skinsucka 的目的是批判超消费主义和快时尚的剥削力量,因为它们以低于"垃圾食品"的成本生产服装并销售。影片展示了一个虚构的未来场景,在这个场景中,微生物控制的微型机器人群体与我们共享生存空间,并帮助人类完成一系列工作,例如,清除家庭污垢并将其转化为能源和材料。Skinsucka 中的微型机器人像蜘蛛一样吐出材料,直接围绕人类的身体编织衣服。尽管这部电影的目的是引导消费者思考关于消费品的道德伦理问题,所用资源的可持续性,以及我们当前的消费行为对社会和环境的总体影响,但它也展示了人类和机器人群体未来共生的可能性。

# 仿生机器人

现代科幻作家创作过很多高级人形机器人形象，如生化人、复制人、赛昂人和发条人，它们的外观和行为几乎完全和人类一样。事实上，仿生物机器是迄今为止仿生学中最活跃的领域，基于从植物到动物的各种生物案例，研究开发能够移动、飞行和传感的系统，以及用于康复治疗的人机混合系统。

"仿生机器人"是机器人科学领域下的一个子领域，专门研究如何制造仿真或模拟生物有机体的机器人。各国航天和国防机构也为开发出能够克服随机障碍并在恶劣地形中航行的机器人进行了大量的投资。全球各地的实验室正在对机器人进行从爬行、走路、跳跃、游泳到飞行等运动形式的研究，目前基本还处于技术起步阶段。

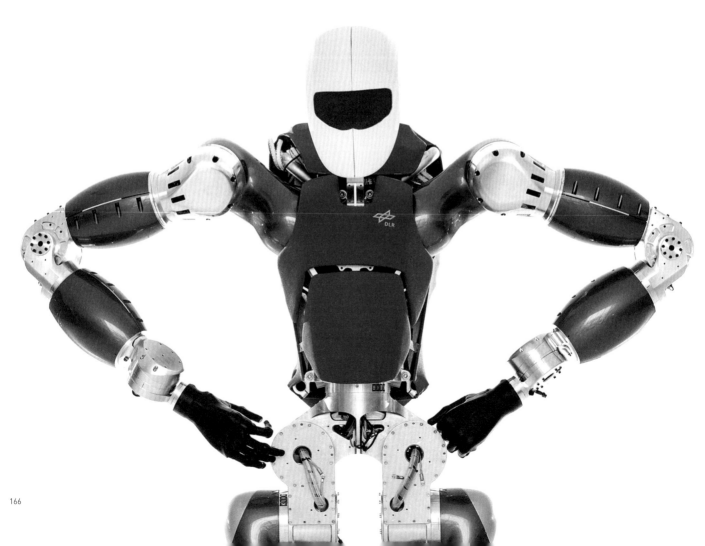

## TORO 人形机器人

　　TORO（扭矩控制的人形机器人）是由德国航空航天中心（DLR）开发的一个步行机器人项目。自 2009 年开始，该机器人已经历了数代版本的更新，目前版本的 TORO 人形机器人头部装有摄像头，躯干、手臂和腿部配有复杂的传感器，有助于它学习如何完成人类的简单动作，如开门或爬台阶。

　　TORO 可以学习人类行走的生物力学原理，通过双脚交替往前，以小而稳的步伐向前移动。设计者为它设计了比其他人形机器人小得多的脚，使其能够更轻松地越过障碍物。机器人手臂和腿部的技术是基于现有的轻型机器人技术，如汽车制造中使用的机器人。开发 TORO 的目的是使其能在未知环境中独立运行，最终能够进入未知的太空领域，并具备监视、维修或其他必要的功能。

**对页图：** 德国航空航天中心的扭矩控制人形机器人 TORO。该机器人具有坚固的关节式手臂，可与环境进行互动

**左图：** TORO 重约 75 千克，高约 1.6 米

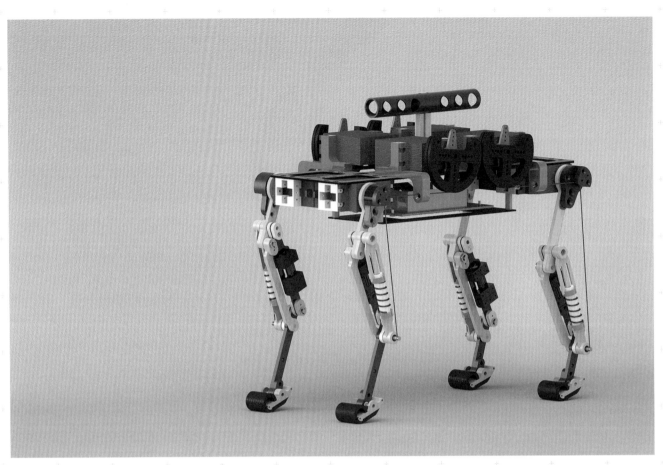

**上图和右图:** Cheetah-cub 猫形机器人有三段式仿生腿,利用弹簧来模拟动物的肌肉和肌腱功能

## Cheetah-cub 猫形机器人

　　学习猫、狗,甚至马的生物力学原理的四足机器人是另一个发展方向,四足机器人在速度和稳定性方面比双足机器人更具优势。例如,瑞士洛桑联邦理工学院仿生机器人实验室开发的 Cheetah-cub 猫形机器人(又名猎豹幼崽)就是一种敏捷的四足机器人,大小相当于小猎豹或家猫。该机器人重约 1 千克,长约 21 厘米,基于猎豹腿的结构设计使其移动速度非常快,最快可达到每秒 1.42 米,也就是每秒大约移动 7 个身位。它是 30 千克以下速度最快的四足机器人之一。该机器人目前被用作研究工具,以开发更为先进的多段式腿部的技术。

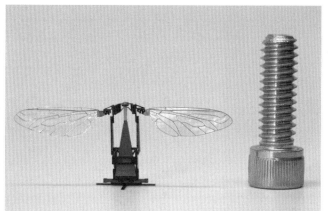

**左图：** RoboBee 是世界上最小的飞行机器人

**上图：** 一架用于拍摄的八旋翼无人机

**下图：** 展示如何使用无人机运送网购商品的概念图

## RoboBee 蜜蜂机器人

蜜蜂是飞行昆虫中最敏捷的一种，能够毫不费力地在花丛中飞行，并可以在携带相对较重的负载时稳定悬停。如果微型机器人设备能够模拟蜜蜂强健的身体以及优秀的协调能力，那么微型机器人群体将能够比大型机器人群体更快、更高效、更可靠地完成复杂任务。哈佛大学工程与应用科学学院、哈佛大学威斯生物启发工程研究所和微电子公司

Centeye 的专家组成了一个联合研究团队，研发了一种名为 RoboBee 的微型机器人，其设计和功能均基于蜂群的生物学和集体行为。

罗伯特·伍德（Robert Wood）教授是 RoboBee 研究团队的关键成员之一，并于 2007 年成功研制出了世界上首个与蜜蜂大小一样的飞行机器人。RoboBee 比一便士硬币稍大，重量只有 80 毫克，

但每秒可以扇动翅膀 120 次。这项振翅技术构成了该项目的研究基础。该团队的目标是开发一种模仿蜜蜂飞行行为的装置，创建一个兼具敏捷性与协调性的机器人昆虫群，并广泛应用于农作物授粉、搜救、探索极端和危险环境、监控，以及天气和气候测绘等。

# 植物根系

探测和穿透能力

# 仿植物机器人

智能锚点

具有复杂分支结构的树根。通常，维管植物（使用木质部等维管系统来输送水分和营养物质的植物）的根系位于土壤表面以下

植物根系在探索未知地形、适应环境压力和穿透复杂结构方面表现出了惊人的能力。它们通过结构和行为的结合来实现这些功能。每种植物都会为自己部署一个不断生长的分支根系网络，这些根系具有复杂的传感能力，可以探索周围的环境中能够被吸收的矿物质和水分。来自意大利技术研究院微型生物机器人中心的芭芭拉·马佐莱（Barbara Mazzolai）协调组织了一个由欧洲的材料和机器人专家组成的联盟，以共同研制PLANTOID（仿植物机器人）。这是一个能够展示植物根系行为的机器人，具有先进的传感、探索和协调能力，只需要极少的资源即可运行。

PLANTOID机器人系统主要由一个基于植物根冠设计的顶点组成，该顶点内置精密的传感、驱动和控制单元。顶点通过柔软、顺应性强的细长根状结构连接机器人的主躯干。在目前的设计中，PLANTOID系统作为一种研究工具，用于测试生物学假说和模型，以提高对植物根系生物力学的认知。它也有助于推动进一步的技术开发，使这类机器人能够适应一系列不同的应用，如空间锚定设备、勘探或施工工具和医疗器械。

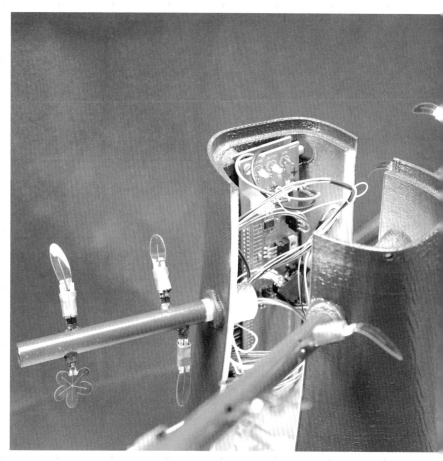

**右图：**PLANTOID 原型的细部。该原型以具有智能的枝叶系统为特色

**下图：**机器根冠的细部

**右下图：**PLANTOID 原型。机器根系的设计旨在模仿植物根系的行为，尤其注重其穿透、探索和适应能力

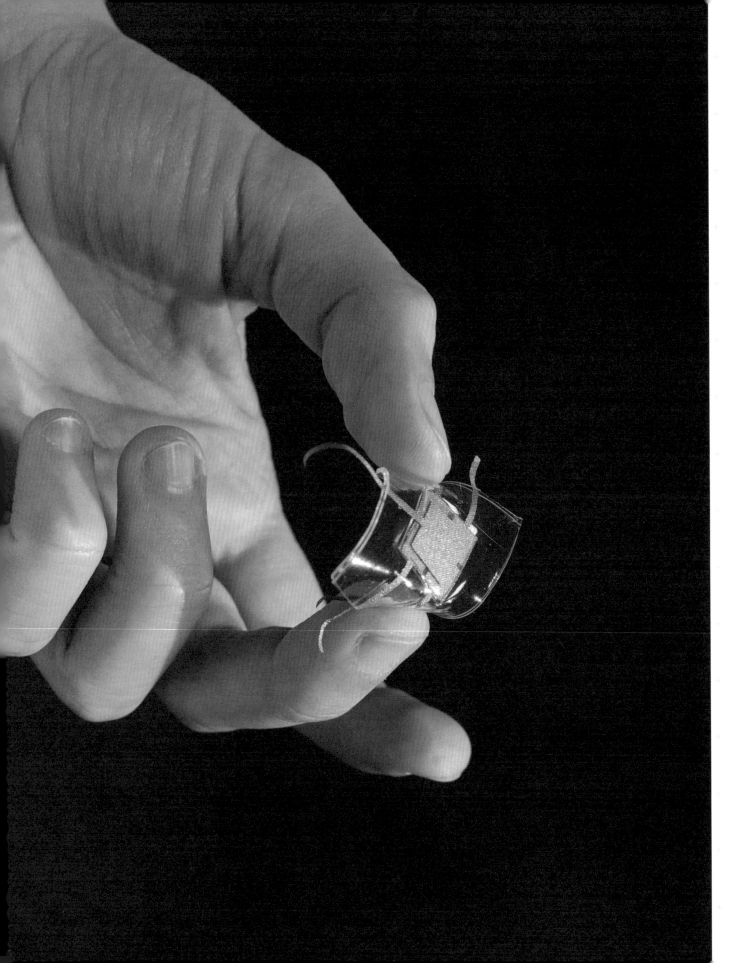

为 PLANTOID 原型开发的组件。智能柔性组件（对页图）、驱动器（上图）和特制驱动器（右图）

# 人机混合动力　机器人外骨骼

仿生假肢　　　　辅助生活

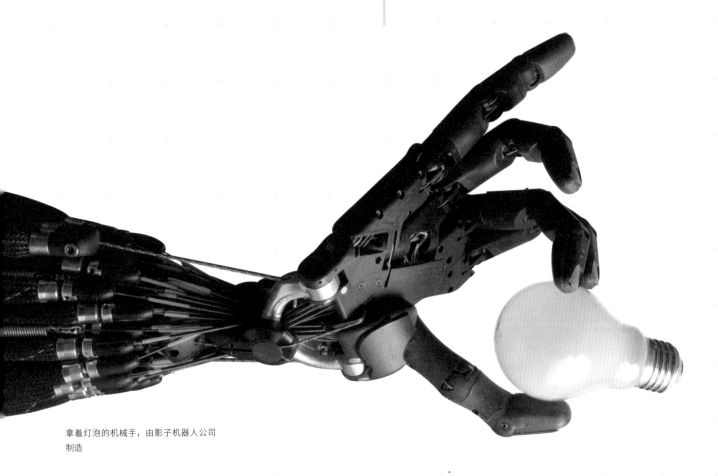

拿着灯泡的机械手，由影子机器人公司
制造

从助听器到心脏起搏器，再到骨骼
和器官移植，医疗植入技术和辅助设备
的发展使得全球出现了大量人机混合体
人口。有赖于现代医疗技术的进步，我
们的寿命比祖先更长且生活更有质量，
因此这一研究领域对未来的社会健康和
福祉都至关重要。随着先进医疗设备和
技术的普及，辅助身体的外部结构在形
态和功能方面也会越来越接近于真正的
人体结构。以用户为中心的设计理念与
机器人技术相结合，推动了诸如开源机
械臂项目（Open Hand Project）和影子机
器人公司（Shadow Robot Company）设计

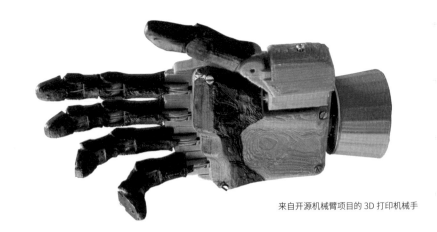

来自开源机械臂项目的 3D 打印机械手

**上图、顶图和右图：** 开源机械臂项目利用 3D 打印等新兴技术制造了具有高度灵活性的低成本机械手。Open Bionics 公司正在进一步推进他们的工作

**下图：** 幻影灵巧手（Shadow Dexterous Hand）是一款可以展示高级运动技能的机械手

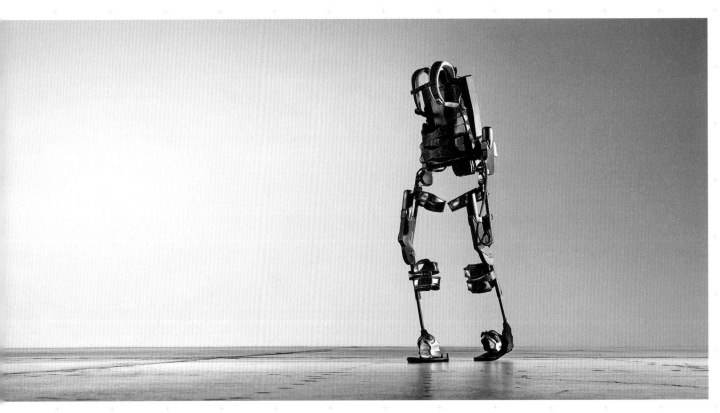

上图：Ekso 仿生套装（外骨骼）

对页图：Ekso 仿生套装（外骨骼）可以让下半身失能的人走动起来

右图：植入传感技术的假肢，能通过读取截肢者的大脑活动，使其下意识地控制设备的运动

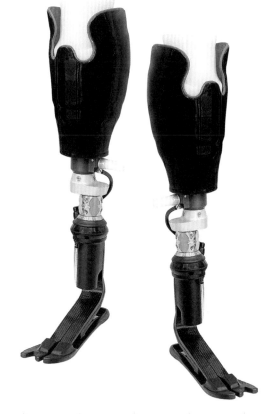

和生产的机械手臂等设备对自然运动的模拟。

## 仿生套装

　　Ekso 是首批商业化的可穿戴仿生套装之一。作为一种生物医学设备，它能让下肢无力的人以自然、负重的步态在常规地形上站立和行走。这个套装相当于一个外骨骼结构，绑系在患者的衣服外面，当使用者的身体重心发生改变时，套装中的传感器会激活辅助的机械装置。套装由一系列电池电机驱动，以代替腿部神经肌肉功能。Ekso 仿生套装可以辅助完全瘫痪和前臂力量不足的人生活，使他们能够独立站立和行走。它还可以作为步态训练设备，帮助因中风或脑和脊髓损伤等神经性系统疾病而导致瘫痪的患者进行康复训练。

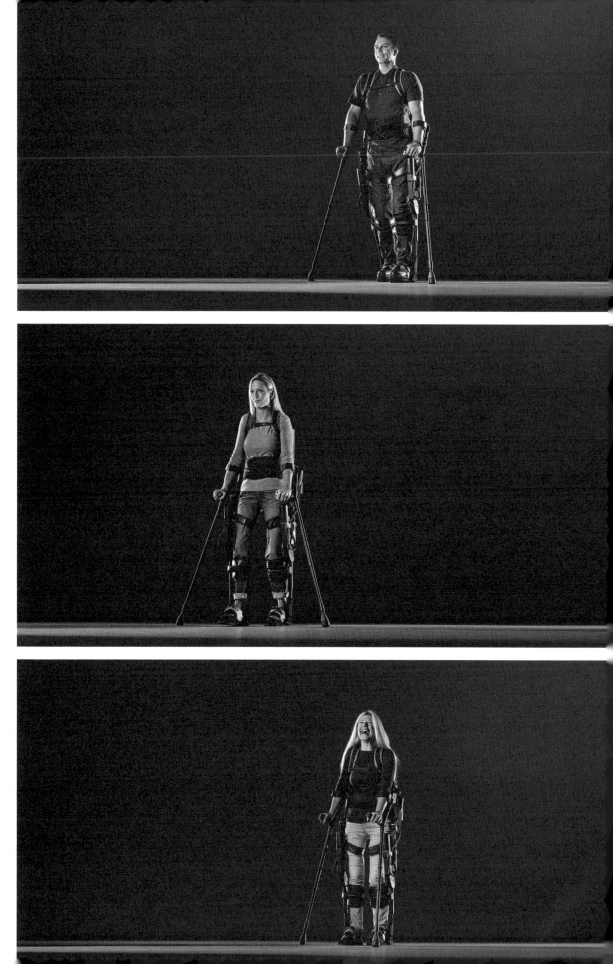

# 鸟类飞行　｜　变形机翼

### 先进的空中运动　　航空航天技术的未来

**右图：** 雨燕翅膀可以在飞行中变形，从而提高雨燕的机动能力

**对页图：** 美国国家航空航天局设想的未来具有变形机翼的飞机效果图

雨燕是一种特别的鸟，也是地球上飞行速度最快的鸟类之一。它们进化出了特有的翅膀结构，在飞行的过程中，通过改变翼尖和前肢骨骼之间的角度来调整翅膀的面积和形状，从而确保在各种速度下均能获得最佳的空气动力学性能。莱特兄弟明白，如果飞机的机翼可以像鸟翼一样扭转，飞机操控起来就会更简单、流畅。这促使他们开创了机翼扭曲技术，并将该技术于 1903 年应用在了他们的第一架飞机上。

## 变形机翼

飞机的机翼是为在特定速度下获得良好的空气动力学性能而专门设计的，但它们是一种固定结构，无法适应不同的速度和飞行轨迹。美国宾夕法尼亚州立大学航空航天工程教授乔治·莱西奥特（George Lesieutre）带领一个科学家团队，提出了利用变形机翼来提高飞行效率的设想。在深入研究了飞机机翼扫掠时的空气动力学性能后，该团队发现：伸展的机翼在慢速滑翔和转弯时效率最高，还能产生升力；而后掠机翼在快速滑翔和转弯时是效率最佳的，还可以承受极端载荷。这项研究的结果被应用于小型飞机变形机翼的概念设计上，其特征是由重复的菱形单元构成蜂窝网架结构，该菱形单元与可弯曲的记忆合金连接，能够像肌腱一样控制机翼的形状变化。该团队设计了一种能够调整表面区域和横截面形状的机翼结构，以适应慢速和快速飞行的要求。

美国国家航空航天局（NASA）的一个工程师团队与美国空军研究实验室（AFRL）和波音幻影工作室合作，制造了第一架带有变形机翼的新型超音速喷气式飞机，这架飞机现在在爱德华兹空军基地的德莱顿飞行研究中心。借鉴莱特兄弟的方法和宾夕法尼亚州立大学的研究成果，该团队开发了一种被称为主动气动弹性机翼（AAW）的实验性技术——当启动特殊的前缘和后缘控制面时，可以实现机翼的变形。这项创新促使团队设想了一种新的飞机机翼设计，可以抛弃坚硬的机翼和重型的控制面。尽管目前主动气动弹性机翼仍须依靠铰链来变形，但该团队未来希望在飞机飞行过程中使用可弯曲的坚固、柔韧的复合材料来取代铰链，以实现像鸟一样的飞行控制。

# 章鱼 ｜ 软体机器人

柔软灵巧的四肢 ｜ 主动的适形机器

上图：章鱼身上独特的白色斑点和条纹图案

下图：章鱼腕特写

金属、合金、硬质塑料、电线和电机构成了制造机器人的主要部件。高性能、坚固耐用的材料在许多领域都是必需的，尤其是在工业应用领域，如用于组装汽车和其他产品的机械臂。仿生机器人是机器人制造行业中一个相对较新的分支，因此沿用了一贯使用的标准材料和制造方法。但研究仿生机器人的关键目标之一，是如何使机器人在随机环境中模拟生物的自然运动状态。自然界中的运动需要灵活、敏捷、反应敏感的材料，要像人类的肌肉一样，而传统机器人材料缺乏柔韧性，这就导致当机器人处于不规则外部环境中时，不能在不同的状态或位置之间平稳过渡。为了应对这一难题，一个关于开发软体机器人的新兴领域应运而生。该领域主要关注开发响应性材料和结构，即可根据电流、温度或化学物质等环境刺激改变自身特

大型机器原地日复一日地执行重复任务的时代正在迅速消逝。

——唐·英格博（Don Ingber），
哈佛大学威斯生物启发工程研究所的创办主任

**下图：** 章鱼腕的细节

**右下图：** 章鱼腕吸盘特写

**右图：** 章鱼腕横截面示意图。章鱼的身体是完全柔软的，它的腕非常灵巧，这是由其腕上肌肉组织的特殊排布实现的。章鱼腕的肌肉纤维以三个不同的方向来控制运动：沿着腕轴线的方向，与腕轴线成直角，以及斜绕轴线方向。这些肌肉之间产生的拮抗力使腕能够伸长、弯曲和缩短

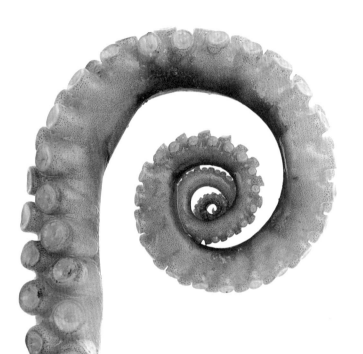

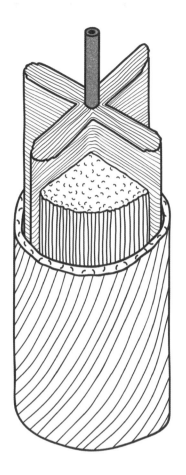

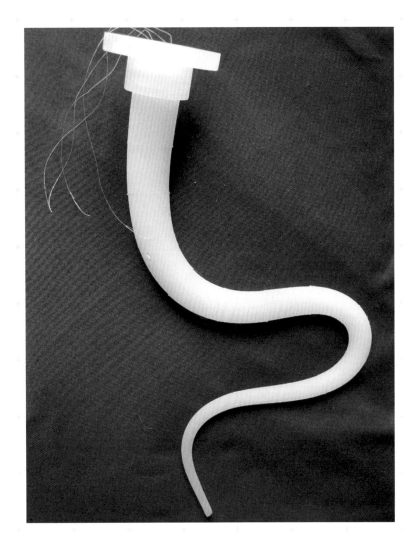

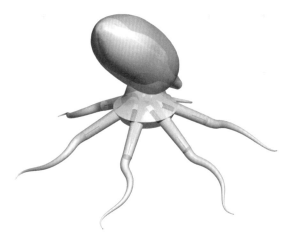

性的材料和结构，并尝试将其应用到仿生机器人系统中。例如，在水下潜游的机器人可以设计成部分由硬质材料组成，部分由软质电活性聚合物组成，这样机器人便有了像鱼一样的尾巴，还可以控制尾巴的运动。

## PoseiDRONE 章鱼机器人

章鱼是一种高智商的软体无脊椎动物，有着长长的腕，能够在密闭和极端的环境中做出令人难以置信的精确且复杂的水下行为。2009 年，一个由欧洲研究人员组成的团队获得了一笔资金，用于研发一种基于章鱼形态和行为的仿生软体机器人。该团队开发了一个新的技术平台，包括柔性移动组件、带嵌入式传感器的合成表皮和控制架构（一种用于控制网络内设备的通信协议），并将该平台用于制造一种能够在不规则的地形上游泳、爬行，并在极端环境中执行复杂操作任务的软体机器人。这项成果为 PoseiDRONE 章鱼机器人的创造奠定了基础。一开始，该团队主要是为沿海和海上工程、石油和钻井技术、水下考古和环境保护等项目创建一个独立的机器人平台，积累了之前创造软体机器人原型的经验后，PoseiDRONE 应运而生。

PoseiDRONE 章鱼机器人由三个部分组成：一个爬行器、一个游泳器和几个机械手臂。整个机器人长 78 厘米，重 0.755 千克，有 8 个硅胶臂，每个臂长 25 厘米，其身体的 76% 以上由柔软的弹性橡胶组成。第一台 PoseiDRONE 原型机能够在类似海底的不均匀和无规则环境中穿行，并能用手臂取回螺丝刀等简单的物体。就目前来说，原型机的性能有限，还未能达到设计师设想的最终状态，但它是策略和功能的重要试验平台，将为下一个版本的迭代设计提供有效助力。

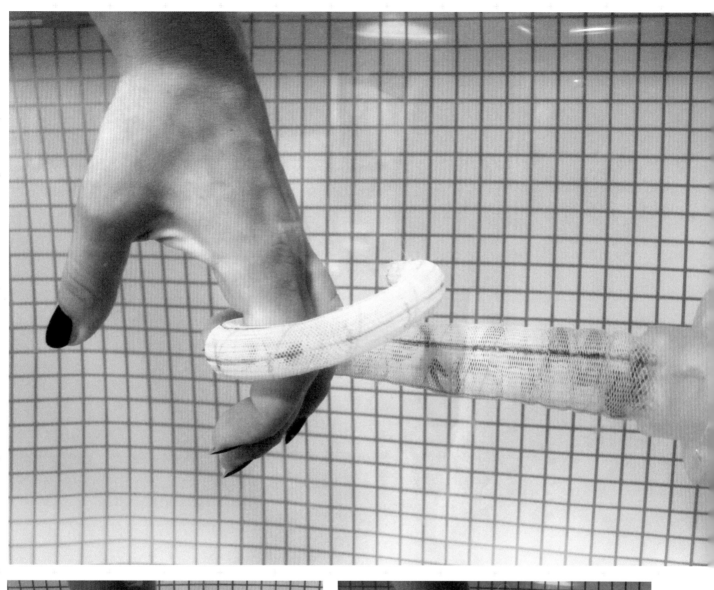

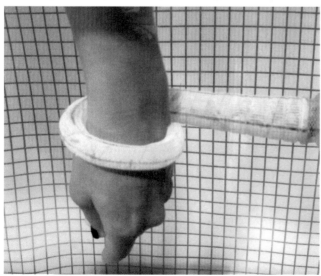

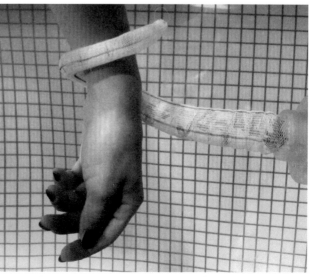

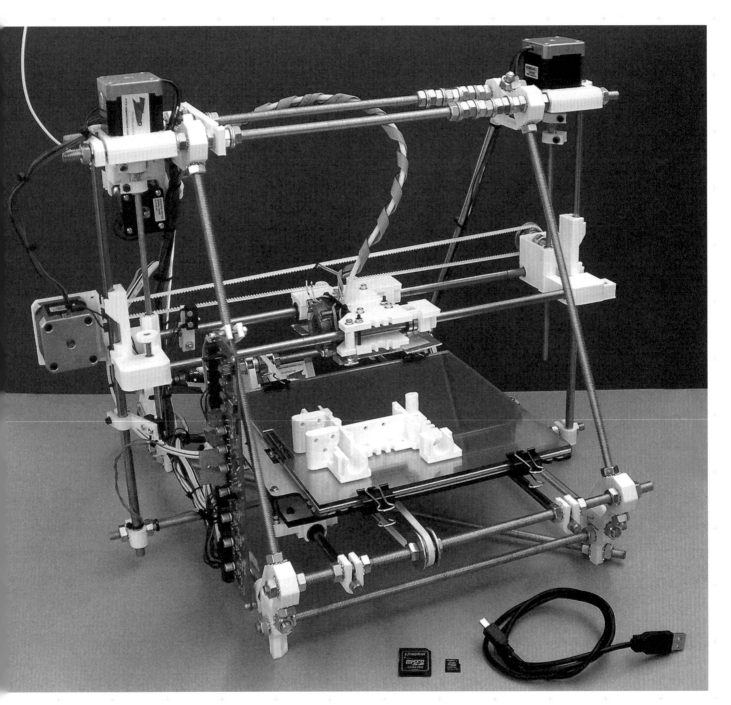

# 自我复制　　快速复制原型机

生物繁殖　　　机器制造机器

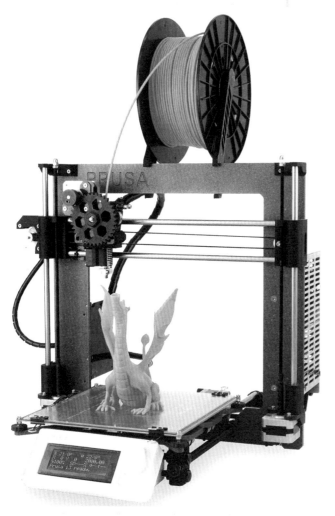

几种不同版本的 RepRap 机器已经被制造出来，包括 Mendel（对页图）和 Prusa i3（上图）。Darwin（右上角）是早先的原始版本。RepRap 项目的所有设计均是在开源软件许可证下发布的，全部可以免费开发和使用

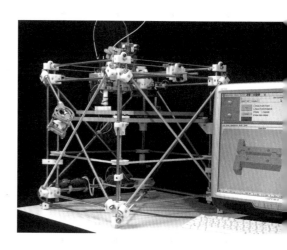

这是一个 3D 打印机制造项目，但是这个打印机可以打印自身，换句话说，就是可以制造自己的复制品。该项目的目的是为业余爱好者、研究人员和科学家创造廉价、可复制的机器，并提供免费的操作软件，使 3D 熔丝制造成型技术（在业余用户中最流行的 3D 打印方式）的使用平民化。

同年，一台商业打印机率先打印出了一些原始的 RepRap 零件，而其他零件，如结构杆件和电子元件等，还要依赖外部采购。第二年，首台 RepRap 原型机横空出世，其打印的零件可以取代商业制造的零件。从那时起，越来越多的机器零件，包括电路板，都可以打印出来。最近，RepRap 的核心研发团队正专注于开发一种能够廉价生产再生打印丝的系统。

自诞生以来，RepRap 项目已经发展成为一个充满活力的全球性项目，吸引了数百名合作者，他们的贡献推动了 RepRap 从单个形式发展至多个版本，每个版本都有不同的特点和功能。

生物最基本的能力之一是繁殖，所有生物都是有性或无性繁殖过程的产物。无性繁殖（常见于单细胞生物、细菌，以及一些植物和真菌）是指生物的自我复制（克隆）行为。在无性繁殖的范畴中，植物克隆已经是一种成熟的园艺技术，用于培育具有特殊性质或商业价值的物种，如葡萄、

马铃薯和香蕉等。然而，因为无法回避关乎伦理的争论，动物和人类的人工克隆属于生物技术中的一个颇有争议的领域。尽管用于医疗目的的克隆（治疗疾病等）在世界上一些地区已经合法化，但任何形式的人类克隆在很多国家仍是非法的。

## 如果机器可以自我复制呢？

2005 年，英国巴斯大学机械工程学高级讲师阿德里安·鲍耶（Adrian Bowyer）博士创立了快速复制原型机项目（RepRap），

## 运动
生物力学

## 通过运动造型
从静态设计到动态设计

移动是动植物的一种基本能力，对其生存至关重要，它使动物能够进行寻找食物、繁殖、躲避捕食者和寻找庇护所等活动。生物体层面（而非细胞或分子层面）的物理移动性在生物体的多功能性和适应性特征方面发挥着重要作用。如果人造产品能够移动，那么它们的功能和适应能力也会提高吗？

**右图：** Topobo 狮鹫兽的步行模型
**下图：** Topobo 模块的细节

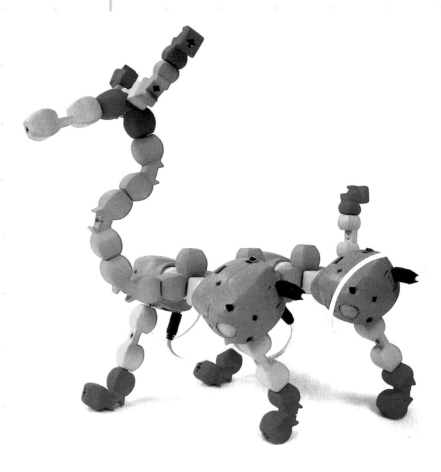

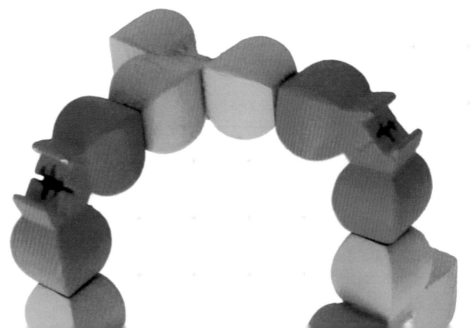

## Topobo 拼接组件

设计师所受的训练一般是完成某种静态结构的设计，而不是创造出可以改变自身的动态结构体。2004 年，美国麻省理工学院的阿曼达·帕克斯（Amanda Parkes）、海斯·莱佛尔（Hayes Raffle）和石井宏（Hiroshi Ishii）教授合作完成了一个研究项目，试图从"通过运动造型"这一概念出发来进行相关研究。这个项目的研究成果是创建了 Topobo 拼接组件，这是一个具有"运动记忆"的模块化机器人系统，能够记录和再现物理运动。使用者可以简单地通过将被动（静态）和主动（动态）模块拼接在一起来建立运动模型。通过推动、拉动和扭曲零件等物理操作，将动作引入拼接好的结构中，活动组件就会记录上述动作并能重复这些动作。Topobo 可以作为包括儿童在内的非专业人员学习动态结构的教学工具，就像我们通过玩积木来学习静态结构一样。该团队在项目研究过程中举办的多次研讨会上发现，Topobo 能够帮助任何人结合某种运动方式设计出一个结构体，而这一伟大成就通常需要开发研究机器人的科学家花费数年时间才能实现。

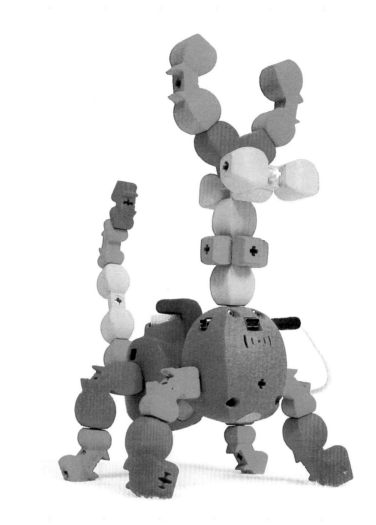

**上图：**Topobo 麋鹿模型，由多个功能块组成，这些功能块都是"被动"模块，可以端到端连接，也可以通过它们的中心凹口连接

**左图：**Topobo Walker 模型后视图。中央"主动"模块有一个带有内置位置传感器的伺服电机

# 蛋白质分子　　自组装家具

动态3D折叠　　主动式设计

Roombot 是一种简单的模块化机器人，
可以连接形成不同的结构

　　自组装是指基本组件纯粹依靠彼此之间的局部相互作用，从无序状态转变为有序结构，在这个过程中没有外部力量的作用。自然界中材料和结构都表现出自组装的特性，尤其是在分子尺度上。我们人体内有数千种不同类型的蛋白质，每种蛋白质的功能和特性因结构而异，但这些蛋白质分子能够相互识别并相互连接组装，形成更复杂的层级结构，如超分子、细胞器和细胞等。

## 自组装家具

　　想象一下，如果有一组模块化机器人能够自动组装成家具，并且能够根据用途和需求，再重新装配成各种装置和配件，那将会是多么美妙的事情。瑞士洛桑联邦理工学院的仿生机器人实验室让这种想象变成了现实。他们开发的Roombot 是一种模块化机器人，可以作为活动家具的拼装组件，依照使用要求进行全自动自组装。

　　Roombot 系统由多个简单的可连接和可拆卸机器人模块组成，这些模块带有连接器，可以创建桌子、椅子、沙发和床等不同的结构形式。该开发团队的愿景是创造出能够根据用户需求改变位置、形状和功能的家具（如凳子变成椅子）。如果被长期闲置，机器人模块将进入"睡眠"模式，变成静态结构，如墙体或箱子。这种动态系统产品可以应用在老年人或身体残疾者的辅助家具中，或者可灵活配置的公共空间中，等等。

　　目前，该团队正在开发多功能的机器人辅助家具，它们可以与老年人互动，防止其跌倒，监测健康状况，还可以辅助老年人切换不同的姿势（如躺、坐、站），也能够根据需求移动其他设备，调整设备与人之间的距离。

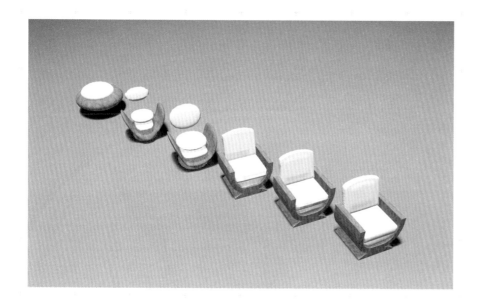

左图：可变形家具概念图

下图：蛋白质的分子结构

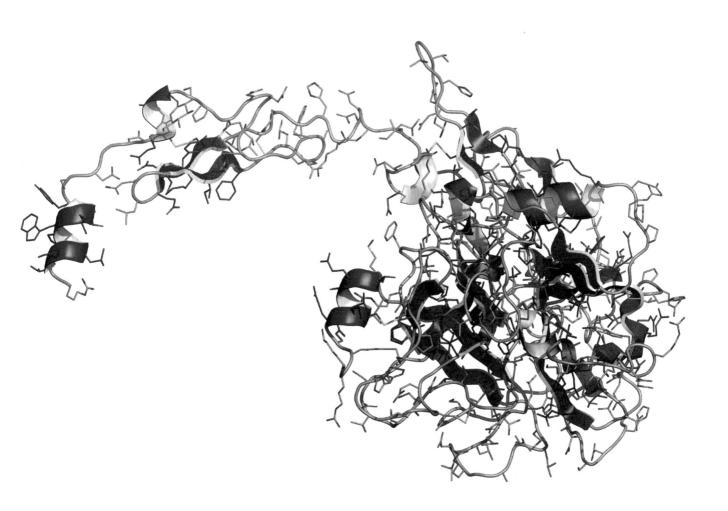

# 花蕾 | 全自动自组装机器人

可展开结构 | 设计从二维到三维的过渡

正要绽放的红色罂粟花蕾，从紧紧的包裹状态到部分花瓣展开

花蕾展开并露出花瓣和蕊是自然界中的一种自组装形式，同样地，在微观世界里，氨基酸的线性序列折叠成具有复杂特性的复杂蛋白质也是。受这些例子的启发，来自美国哈佛大学威斯生物启发工程研究所、哈佛大学工程与应用科学学院和麻省理工学院的工程师和计算机科学家，联合创造了一种全自动自折叠设备，该设备能够将自己从一片平整的材料组装成一个立体机器人，无须任何人工干预。

## 自组装机器人

研究团队基于折纸原理，利用计算机设计工具，经过数十种设计原型实验，最终确定了最佳的折叠机器人设计方案。

它以一种复合材料薄片为主材，中心有一块柔性电路板，铰链区域采用聚苯乙烯材料（一种加热时会收缩的材料），以实现折叠动作。此外，它还有两个电机、若干节电池和一个微控制器（可以控制嵌入聚苯乙烯铰链中的加热元件）。

微控制器触发加热元件，使复合材料薄片自行折叠。几分钟后铰链冷却，随着聚苯乙烯的硬化，机器人变得坚固稳定。此时，微控制器向机器人发出爬行的信号，机器人的速度可以达到160米/时，消耗的能量仅相当于一节5号电池。最近，该团队中麻省理工学院的研究人员制造出了这种机器人的微型版本，长度仅为1厘米。

应用自组装技术的复杂大型机器人未来可能会在地球和太空的危险环境中发挥重要作用。它们可以进行扁平化包装，在执行特定任务（如勘探和施工）之前再自行组装，这样就可以避免让人类处于危险之中。

下图：美国麻省理工学院斯凯拉·蒂比茨
（Skylar Tibbits）自组装实验室利用 4D 打
印技术制造的自组装线串

# 麦芒

无肌肉运动

# 无固定形态机器人

非机械性机器

左图：麦芒机器人的效果图
下图：霍德·利普森对响应刺激而弯曲的
智能横梁进行的多材料研究

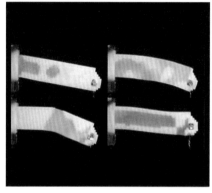

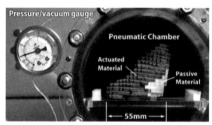

上图：霍德·利普森设计的无定形爬行机器人，
该机器人的移动是由温度变化驱动的

2007年，德国波茨坦马克斯·普朗克胶体与界面研究所的研究人员发现，野生小麦的单颗麦粒具有自行钻入土壤的能力。这种非凡的能力要归功于麦粒上突出的两个被称为"芒"的毛发状结构，每根芒的外侧都排列着细小但坚硬的毛。芒本身有一种特殊的能力，在环境干燥时会弯曲，而环境湿润时又会挺直。这样，在潮湿的夜晚和干燥的白天重复交替作用下，芒会产生一种剪刀式运动，渐渐地将麦粒推入地下。芒侧面的特殊细毛还能防止麦粒向后移动，从而确保每次都能向前运动入土，但人工培育的小麦已经失去了这种自我繁殖的能力。

## 材料机器人

麦芒的结构特性激发了一种新型机器人的设计灵感——材料机器人。这种机器人不需要电池、电机、电子设备或电线，其性能只取决于用来制造它们的材料，湿度、温度、化学作用和压力才是它们的动力来源。

美国哥伦比亚大学机械工程教授霍德·利普森（Hod Lipson）是一位富有远见的工程师，也曾是康奈尔大学创意机器实验室的前负责人。利普森在博士后工作期间就开始使用进化算法设计机器人，他在创意机器实验室的团队中开展了多个开创性项目，包括采用非常规方法设计和制造机器人。2010年，该团队借助进化算法设计了一种柔软、无定形、无须任何电子设备就能移动的3D打印机器人。该机器人是一种由受热后收缩

程度不同的两种聚合物制成的复合结构，没有任何机器人结构中常见的传统组件或活动部件，仅依靠冷热环境的循环交替作用，通过两种聚合物之间的收缩和膨胀所产生的形变实现移动。

## 可编程材料

斯凯拉·蒂比茨是美国计算机科学家兼设计师，还曾经接受建筑师职业培训，后来他创立了麻省理工学院自组装实验室并担任主任一职。该实验室的研究重点是开发可编程材料，用于设计和生产建筑中的自组装产品。他对能耗巨大的制造业并不看好，而是热衷于简单的能源模式，希望能利用温度、压力或湿度等被动能源为产品组装提供动力。

麻省理工学院自组装实验室开发了一系列可编程材料，包括自转化碳纤维、木纹打印和纺织复合材料，这些材料可以借助外部环境刺激进行自变形。2013年，蒂比茨在TED演讲中使用了"4D设计"一词来描述用可编程材料进行设计的概念，这也得益于多材料3D打印技术的新突破以及软件优化和模拟的能力。

该实验室的研究团队已经成功地对碳纤维进行了自主变形编程——将热响应材料打印在固化的柔性碳纤维上，可以使其在高温下改变形状，从而提高空气动力学性能。这项技术已被用于与布里格斯汽车公司（BAC）合作开发的超级跑车变形尾翼，以及空客公司的发动机襟翼上。

该实验室还生产了可编程木材，用于替代传统木材的弯曲工艺，从而避免了使用复杂的蒸制技术和耗费高强度劳动的成型过程。打印出的复合木材板材，可以按预定的形式进行自组装，目前，该材料的原型能够通过水的激活而产生形状变化。在后续的研究中，蒂比茨期望这种复合木材能够适应极端的外部环境条件。

该实验室还开发了在拉伸过的纺织

斯凯拉·蒂比茨和麻省理工学院自组装实验室的团队设计的可编程木材（对页上图，右下图为细部）、可编程碳纤维（对页下图）和可编程纺织品，它们能根据环境因素的变化而改变形状

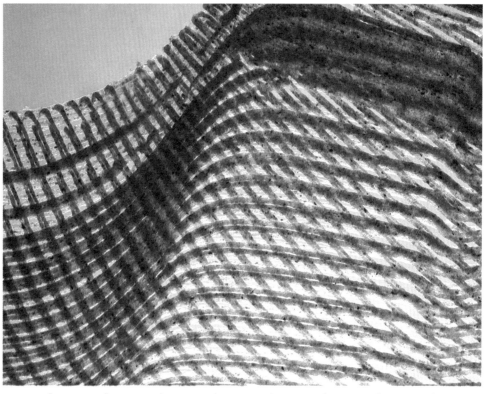

品上印制不同厚度材料层的方法，通过这种方法能够将形状可变的结构组装成预先设定好的形状。团队成员认为，可编程纺织品在产品制造、家具、运输（低成本扁平化包装）和用户交互方面具有很广阔的应用前景。

## 自组装服装

大多数生物材料都是程序化的，从微观的自组装氨基酸链到宏观的种荚都是这样。小到纳米、微米，大到人类这样的生物尺度，嵌入在生物材料中的信息时刻都控制着生物体在何种条件下进行何种反应。2009 年，英国米德塞克斯大学艺术与设计学院的维罗妮卡·卡普萨利（Veronica Kapsali）领导一个研究团队在朱莉·史蒂芬森（Julie Stephenson）的支持下进行了一项名为"从织机到衣架——只需加水"的简单实验。在该实验过程中，研究人员将一种扁平的织物进行编程处理后，只需要置于热水中，该织物即可自行组装成服装，一次成型，不需要任何裁剪或缝纫等工作。该团队发现，将羊毛遇热水收缩的已知效应与纺织品设计中的分层方法相结合，可创造出一种不可逆的三维变形效果，由此将羊毛的不良特性转化为有效的自组装机制。该实验还表明，可以通过转变材料思维推动可编程结构的创造，利用传统材料和传统方法将 3D 设计转变为 4D 设计。

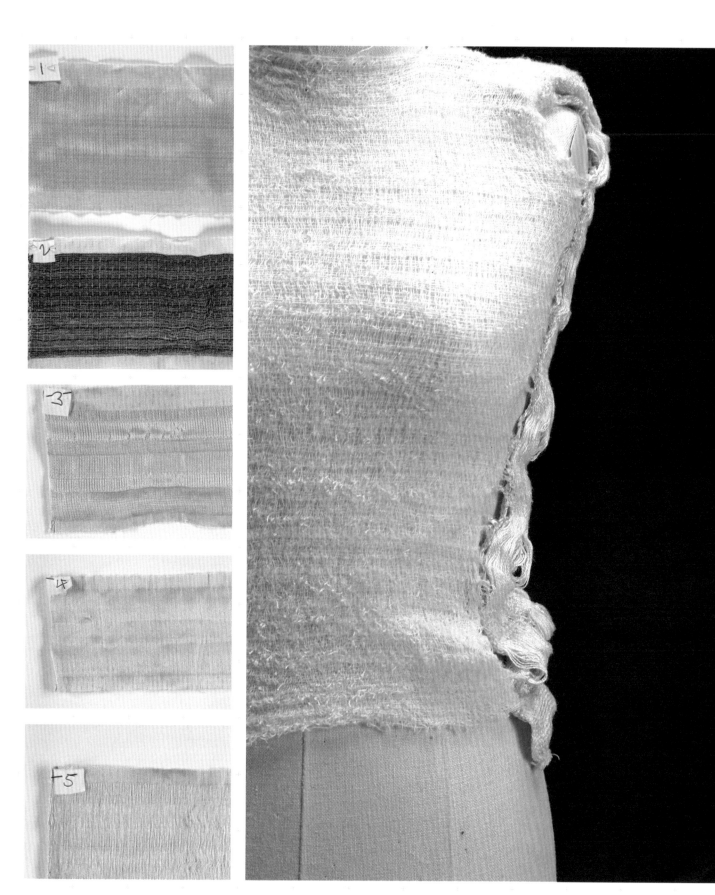

# 企鹅皮毛 | 隔热纺织品
多功能羽毛系统      几何可变体系

在水下游泳的王企鹅，（插图）扫描电子显微镜下放大 800 倍的企鹅羽毛细节

企鹅生活在南极，想要存活下来就必须能够抵御极端寒冷的冬天，并且还要潜入冰冷刺骨的海水中觅食。他们的皮毛具有高效的隔热性能和独特的结构性能，不仅能够最大限度地减少辐射和对流造成的热量损失，还能够作为出色的挡风屏障。然而，当需要潜水觅食的时候，它们的皮毛会变成光滑的防水外层。这种功能的转换是通过羽轴上的肌肉运动和副羽的巧妙设计来实现的，副羽上的小钩可以控制羽支的运动方向，也可以防止单根羽支在被压缩和松弛时缠结在一起。当企鹅的肌肉紧绷时，皮毛就变成了一道防水屏障；而当肌肉松弛时，在副羽上的小钩的作用下，皮毛又会变成一件厚厚的"充气防风外套"。由于羽轴的运动，滞留在副羽层中的空气会被释放出来，但仍有一些留在其中。当企鹅入水后，在水压的作用下，剩余的空气会被挤压出来，在动物身体周围形成微小但明显的气泡。

  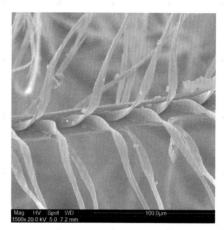

**上图：**扫描电子显微镜下不同放大倍数的企鹅羽毛图像：100 倍（左）、200 倍（中）和 1500 倍（右）

**右图：**企鹅副羽图解，可以看到控制羽支运动方向的小钩，它们可以防止单根羽支在被压缩和放开时缠结在一起

**下图：**王企鹅。企鹅的"外衣"干燥时保暖隔热，潮湿时防水并呈流线型

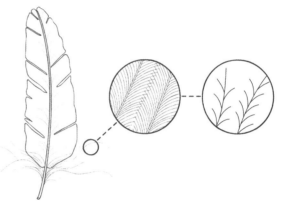

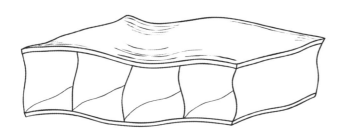

## 隔热纺织品

为了将企鹅皮毛功能转换的这种机制运用到服装设计中，研究人员创造了一种被称为"几何可变体系"的实验性纺织结构。该结构由两层平行的织物通过垂直于其间的织物条连接在一起构成。当两个平行的织物层偏斜时，它们之间的空气层变薄，热阻性就会降低，需要同时适应极寒与极热环境条件的军装正好可以用到这一创意设计。美国戈尔公司在 Airvantage 品牌下制造了一种 ePTFE（聚四氟乙烯）薄膜和聚酯结构，可用作服装内衬，并于 2002 年投入商业使用。使用者可以通过对这种夹克充气和放气来调整其保温性能。

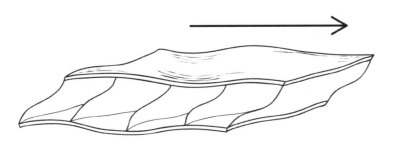

**左图：** 几何可变体系的示意图。两层平行的织物通过垂直于其间的织物条连接在一起。当两层平行的织物发生偏斜时，它们之间的空气层变薄，热阻性就会降低

**下图：** 采用几何可变体系制作的高性能无袖夹克

**对页图：** 采用充气内衬的宝马摩托夹克

# 松果

干湿环境与播种方式

# 适应性纺织品

新一代水汽管理技术

干燥条件下的松果苞鳞会打开（左上图），潮湿条件下的松果苞鳞会关闭（右上图）。苞鳞的打开和关闭取决于大气中的水分含量

　　植物没有肌肉，也不能移动，一生中都被固定在某个位置。矛盾的是，许多植物的种子都是靠尽可能远离母株来增加成功发芽的机会，因此，有效的传播策略对植物的物种延续至关重要。为了解决这个问题，植物演化出了各种各样的传播机制，有的会剧烈爆炸式地传播，也有的会低调地自行挖掘入土。

　　然而，最有效的策略无外乎等待最佳的条件再释放种子，也就是依靠特定的环境条件（如大气含水量）来触发传播机

制。有些植物，如松树，喜欢在干燥的气候条件下散播种子，而另一些植物（通常是沙漠物种），则要等待潮湿的天气。这种利用环境湿度为传播提供动力的机制，一般是基于植物组织两个相邻区域之间不同的吸湿膨胀率来实现的。

　　20 世纪 90 年代初，英国雷丁大学仿生学中心（见第 3 页）的科林·道森（Colin Dawson）分析了松果在湿度不同的环境中打开和关闭自身苞鳞的行为（松树是裸子植物门中一种针叶型常绿植物）。道森发现，这种行为背后的机制在于松果的苞鳞是由两种不同的木质纤维素细胞组成的，尽管两种细胞吸收的

水分总量相当，但它们吸水后膨胀的大小却截然不同。进一步的研究表明，膨胀大小是由纤维素聚合物在细胞中的排列方式来控制的：非膨胀部分中的纤维素链始终沿着苞鳞的轴线方向紧密地堆积在一起，而膨胀部分中纤维素链的结构形式比较疏松，并与苞鳞的轴线成一定的角度。

　　这两种类型的组织形成类似于双金属片（译者注：广泛用在继电器、开关、控制器等上面，在温湿度改变时会产生形变）的复合结构。松果苞鳞上的两种木质细胞在接触水分时会发生不同程度的形变，产生的相互作用力导致了鳞片弯曲。

**左图：** 在 2006 年美国网球公开赛上，玛丽亚·莎拉波娃穿着的耐克连衣裙。背部设计的开口部分向外卷曲，让皮肤汗液快速蒸发

**左下图：** 爱力纳·曼菲尔蒂尼（Elena Manferdini）为耐克设计的实验夹克

**下图：** 自适应双层针织纺织品示意图，一层吸水性强，另一层吸水性较弱。沿着织物表面有着 U 形开口，当吸水性强的那层暴露在潮湿环境中时，表面的开口部分会卷曲起来

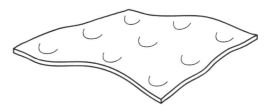

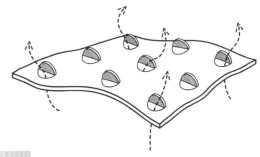

## 适应性纺织品

衣服的干湿程度是影响舒适性的关键因素，因此，衣服中的水汽最好能够通过技术置换出去。纤维吸湿会膨胀的特性给纺织业带来了不少困扰，道森便想到将松果苞鳞的开合机制应用于纺织品纤维中。他将一种合成的轻质编织结构层压在一层无孔膜上，使其表面具有微小的 U 形孔，当织物暴露在潮湿环境中时，这些小孔就会打开，在干燥时又会恢复原状。

耐克在服装系统中也采用了类似的设计理念。在 2006 年美国网球公开赛上，俄罗斯网球运动员玛丽亚·莎拉波娃（Maria Sharapova）身着一件双层针织连衣裙，贴身的一层亲水性好，用于吸汗，外层吸水性较差，但排汗快，两层织物之间的狭小空气层则有助于透气。当运

上图：INOTEK 活性纤维暴露在潮湿环境中会缩短。上图为一件由 100% INOTEK 纤维制成的针织品，它的表面暴露在潮湿环境中时纤维会收缩，绒毛变短

对页图：利用 INOTEK 纤维制成的针织品，其边缘暴露在潮湿环境中时显示出可逆的形状变化

动员出汗和释放热量时，衣物背面会出现鳞片状图案。

## 可自主调节的纺织品

20 世纪 90 年代，科林·道森、朱利安·文森特和乔治·杰罗尼米迪斯对松果进行研究后，开发了 INOTEK 这项仿生纺织技术，并屡获殊荣。但从 1995 年开始，该项目一直处于停滞状态，直到 2005 年维罗妮卡·卡普萨利（Veronica Kapsali）在其博士研究工作中开发了一个以设计为主导的新方法，才实现了该技术的应用。卡普萨利的目的是将松果的形变原理应用在织物的设计中，从而推出一种可商业化生产的纺织品体系，能够根据微气候条件改变织物结构并让空气透过织物，而无须借助任何额外的能量。

INOTEK 纤维在干燥状态下为自然卷曲，但在潮湿环境中会变得更卷曲，因此整体长度会缩短。卡普萨利深入研究了木质细胞壁中纤维素微纤丝的排列方向是如何影响细胞吸水后的膨胀方向的，进而设计了 INOTEK 纱线。活性纤维与纱线的轴线成一定角度，将湿气引起的形状变化从纱线的长度方向引开，集中到宽度方向。

利用 INOTEK 技术制成的纺织品似乎是反直觉的。例如，棉花、羊毛和人造丝等传统纺织纤维吸水后会保有水分并膨胀，随着纤维的膨胀，织物的纱线也会膨胀，织物整体就会更加密实，从而导致透气性降低。当出现这一现象时，衣物的舒适性便会大打折扣。但是采用 INOTEK 技术的织物正好相反，纱线遇水后会变得更细，因此织物的透气性反而会提高，还可以根据人们的活动而自发地调整性能。

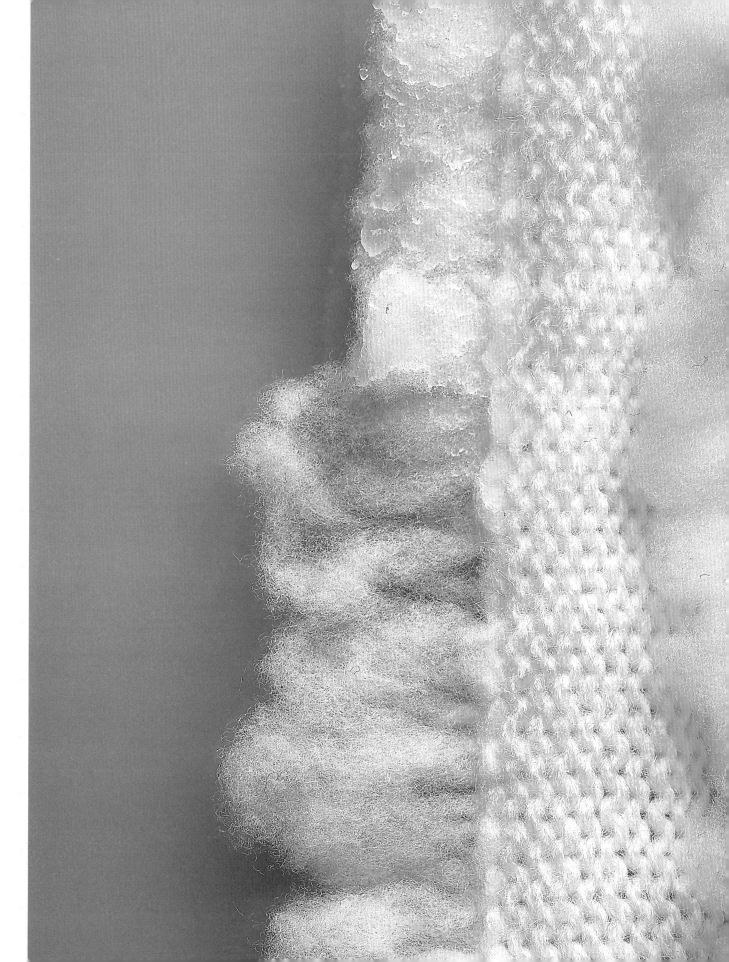

# 云杉球果

湿度感应结构

# 可编程木材

吸湿透气

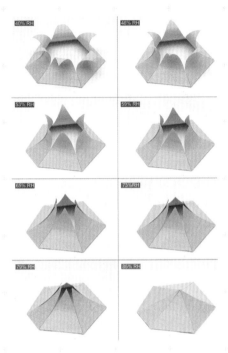

**上图：**展馆（见第 208 页）上气候响应
部件的设计

**左图：**云杉球果会在气候潮湿时闭合，
干燥时打开

云杉和松树一样，是裸子植物门的一员。在潮湿的情况下，云杉球果表现出与松果相同的变化行为：球果苞鳞在干燥时打开，在潮湿时闭合，其吸湿原理与松果相同（见第 202 页）。德国斯图加特大学计算设计教授兼建筑师阿奇姆·门格斯（Achim Menges）受这些结籽球果的启发，创造了一种气候响应式建筑表皮，它能够通过从环境中获取信息和能量被动地改变形状，而不需要依赖于常规的传感器、电机、电气部件以及额外供能。

**右图：** 气候响应装置展馆是一个由机器
人制造的模块化建筑

**下图：** 展馆的模块化组件详图

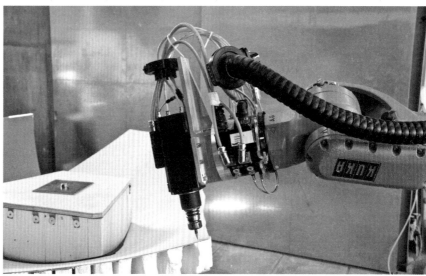

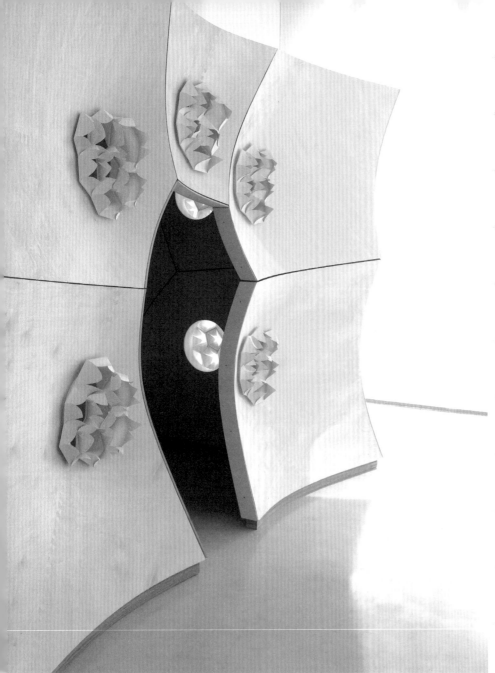

## 气候响应木材

气候响应装置展馆（HygroSkin Meteorosensitive Pavilion）由承重的精细胶合板建成，其特殊的圆锥形胶合板复合单元，可根据环境湿度改变形状，类似云杉球果的苞鳞。门格斯将胶合板的定向吸湿膨胀特性应用到复合材料结构中，重现了云杉球果苞鳞表现出的弯曲运动。每个胶合板单元都能够根据当地的小气候自主变化，展馆由此变成了一个孔隙率、透光率和视觉渗透性都在不断变化的动态结构。这种充满想象力的设计方法重塑了木材作为传统建筑材料的作用，并将其转化为一种对气候响应灵敏的天然复合材料。仿生设计方法为设计师带来了新的启示——用简单的材料也能创造出非凡的结构。

**上图：**展馆的安装特写　　**右上图：**展馆原型

**下图：**展馆的等轴测图　　**右下图：**展馆原型的结构分析

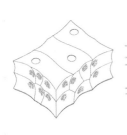
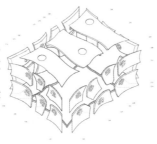

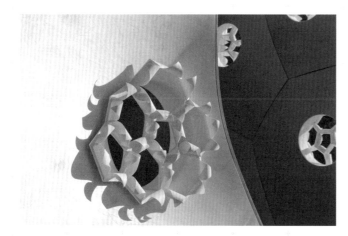

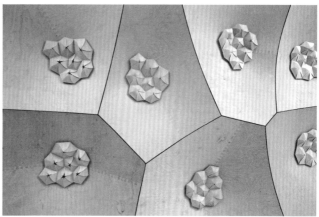

左图：展馆上气候响应模块外部的细部

左中图：气候响应模块内部的细部

左下图：展馆表皮的内部视角

下图：展馆外部特写

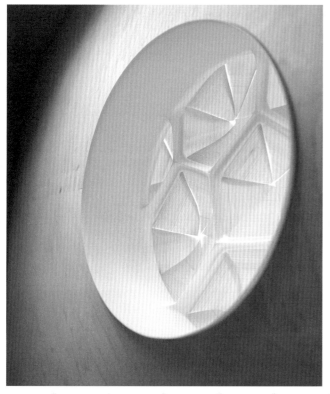

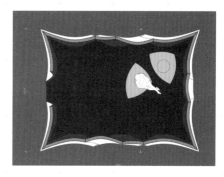

上两图：展馆的建筑剖面图和平面图

**上图：** 由法国奥尔良 FRAC 中心安装并展出的展馆原型

**右图：** 气候响应模块的内部细节。类似云杉球果的苞鳞，这种翼片也可以根据大气湿度变化自主打开和关闭

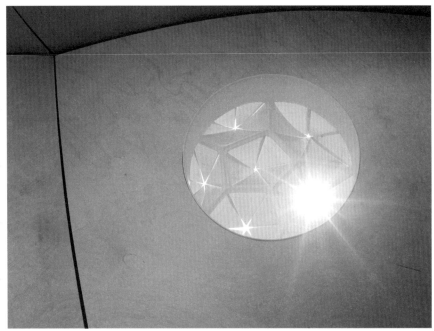

**上图：**位于奥尔良 FRAC 中心的展馆表皮
细部

**左图：**气候响应模块的外部细节

# 章鱼表皮
主动伪装

# 动态软曲面
高级视觉和纹理表现

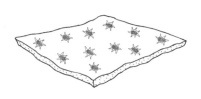

热带珊瑚礁上的章鱼（顶图）和连帽墨鱼（上图），这两种动物都改变了自身的颜色以融入周围环境

**右上图：**色素细胞的膨胀（底图）和收缩（顶图）示意图，以显示或隐藏特定的颜色

**对页图：**一只巨型章鱼的细部

动物体表的斑纹在漫长的演化中有多种重要的功能，如作为伪装来保护自己。斑纹可以使动物将自身融入环境的颜色中而隐藏起来（斑马纹和豹纹），或者模仿其他物种的外观，以避免引起捕食者的注意。伪装技术在军事和监视行动中很重要，但传统的伪装策略是静态不变的，这意味着图案、颜色和质地不会改变，需要针对特定的环境和季节进行专门设计。变色龙是一个使用动态伪装策略的高手，以模仿周围环境的颜色和图案而闻名，但它并不是唯一一个表现出动态肤色的物种。

章鱼（一种头足类动物）具有迄今为止人类已知的最复杂的适应性行为。这种动物能够改变自己的皮肤纹理，来伪装自己，或者恐吓捕食者，并与其他头足类动物交流。章鱼的皮肤结构中含有色素细胞，可以通过膨胀和收缩来显示或隐藏特定的颜色，如同模拟像素一样。色素细胞位于由微小的反光板构成的光反射组织层（虹彩细胞）上。在激

素水平以及神经系统的控制调节下，头足类动物能够改变这些微小反光板之间的距离，从而改变虹彩细胞反射的颜色。

## 动态柔软表面

2014 年，美国麻省理工学院赵选贺领导的一个团队基于章鱼的表皮结构设计并推出了一种新的柔软可拉伸的聚合物材料。这种材料能够随着施加电压的变化而改变颜色和纹理。该团队认为这种新材料未来在军事上必将有重要的应用场景，也可能用来创造出一种新式的柔性显示屏。

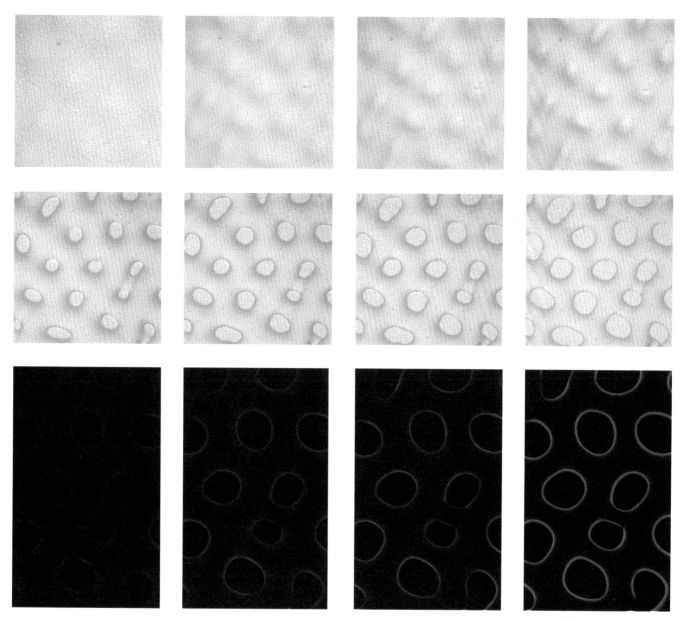

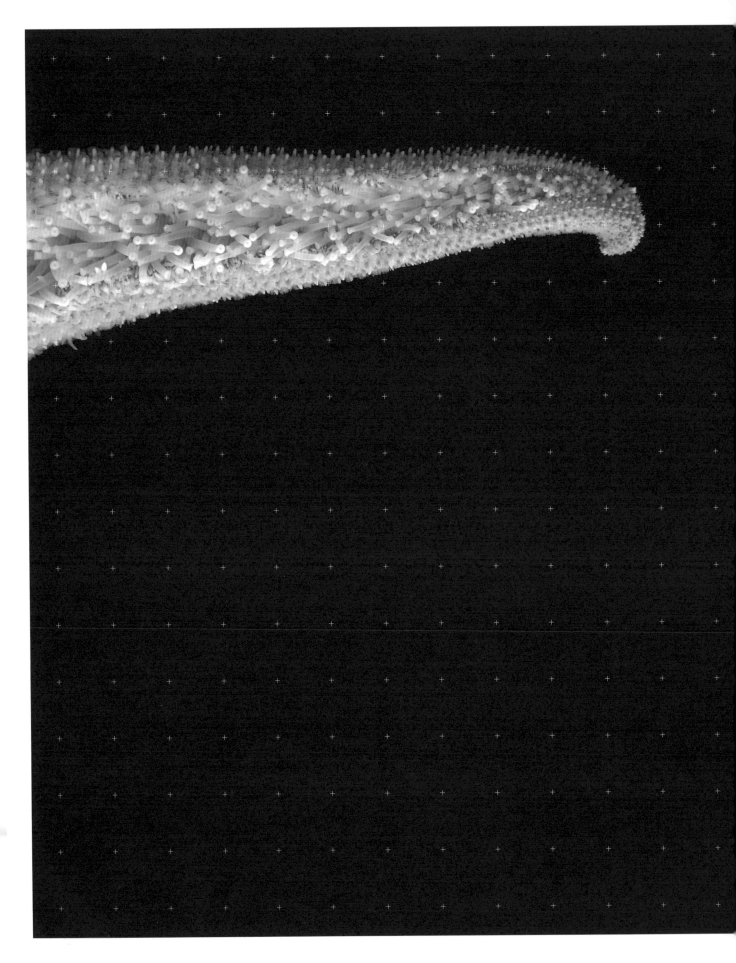

# CONCLUSION

结语

我们正在研究自适应系统、概率系统以及与环境紧密结合的系统。

——奥托·赫伯特·施密特，仿生学研讨会，1960 年

奥托·赫伯特·施密特的设想超越了我们既有思维和技术的局限，他提出了将人类、产品和环境联系在一个新的动态的共生系统之中。自 1960 年第一届仿生学研讨会以来（见第 2 页），人们在工程领域以及战略思维和商业管理中都能找到仿生学原理应用的痕迹。仿生学对可持续性发展和能源效率具有明确的促进作用，目前这方面已有一些成功案例，还有许多即将问世，这使仿生学方法对很多工业和学术部门都具有吸引力。本书从设计行业从业者的角度，简要介绍了仿生技术的发展现状，这些技术在短期和长期内都与设计密切相关。

2006 年，由朱利安·文森特教授领导的仿生研究小组在英国《皇家学会界面杂志》（*Journal of the Royal Society Interface*）上发表了一篇题为《仿生学：实践和理论》（"Biomimetics: Its Practice and Theory"）的论文，这篇文章详细探讨了工程技术和生物学在解决问题方法上的根本区别。该团队建立了一个逻辑框架——事物（物质和结构）在某处（空间和时间）制作事物（需要能量和信息）[things (substance and structure) do things (require energy and information) somewhere (space, time)]。他们采用一套被称为 TRIZ 的工具（TRIZ 是俄语的首字母缩写，意为"创新问题解决理论"，可以转化技术解决方案以适用于不同的工程领域），分析了生物学和工程领域从纳米尺度到宏观尺度的数千个例子，通过粗略量化研究，发现工程技术和生物学中解决问题的方式存在显著差异。这些数据被绘制成两张图（如第 220 页图），以图解的方式展示了生物界和人造世界在制造、设计或创新方法上的关键差异。

## 根据尺寸 / 层次排序的 TRIZ 解决方案

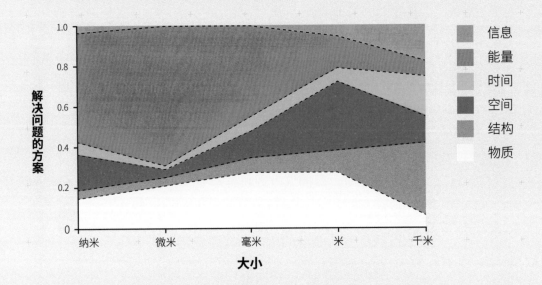

## 根据尺寸 / 层次排序的生物学影响

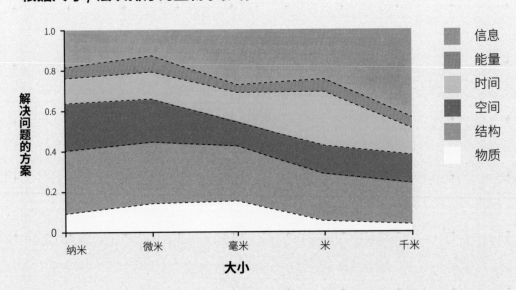

文森特通过研究指出，人造聚合物目前已有 300 多种，而自然界中的其他生物所需的聚合物种数却很少。比如，由蛋白质制成的各种生物材料（如丝、肌肉和酶）都是由相似的单体制成的，此外，这些生物材料展现出的行为和品质上的多样性也与合成它们所需的能量无关，而是与单体的排布方式有关——从本质上说，这就是设计。

在本书中，"形态"一章举例说明了生物形态是如何在生物体的表现或行为中发挥重要作用的，以及生物形态在自然环境中如何以简单的方式做出适应性演化，以提供对生存至关重要的反直觉功能。座头鲸鳍上的结节是一个典型的例子，描述了动物如何利用演化出的表面形态减弱身体和水之间的摩擦阻力，使其达到反直觉的游动效率，好比将一个海洋中的巨兽变成了一个敏捷的杂技演员。本章还探讨了如何将生物体的功能和特性转化为我们可以使用的技术，这个转化过程并非只有科学家或学者等受过相关训练的人才能完成，那些在木材或金属加工领域受过培训并参与过材料的直接提取和合成过程的人一样能够参与其中。

"表皮"一章探讨了生物纹理的作用，以及如何将其应用于创造自清洁、抗菌和多功能表面。本章的目的是挑战将纹理视为纯粹美学或情感因素的观念，同时指出纹理设计是引入更多功能的机会。比如，鲨鱼外表覆盖着的皮质鳞突（表皮上的微观齿型结构），与座头鲸鳍上的结节形态一样，都可以有效控制和调节接触身体的水流，使其能够毫不费力地高速游动。

"结构"一章意图刷新我们对材料选择作用的过往认知，并引入了受生物学启发的分层设计概念。设计师、工程师和制造商，都在依托所选材料的特性为我们的产品提供机械和结构性能，如服装由柔软、舒适的纺织品制成，建筑则需要用到坚固的钢结构。我们生产了很多种工业材料，但代价是生态环境的严重破坏。而生物学为我们提供了一种不同的方法——通过设计来补偿材料种类有限的问题，如蜂窝结构虽然是由简单且相对薄弱的材料制成的，却能产生富有弹性且坚固的结构。日本设计师关田康二证明，这些设计原理适用于从分子到人类的各个尺度，他用几张硬纸板切削、折叠成的模块化结构，可以用于创造出多种功能的家具。此外，单个细胞通过设计也可以带来反直觉的特性，如拉伸时会变得更厚，而不是更薄。

"制造"一章，介绍了生物学领域中信息丰富的材料，与之相对的是技术领域缺乏信息的材料。在这里，"信息"指的是从无数可能性中组装出特定结构形式所需的指令或指导。本章还对传统的制造方法提出了挑战，并探讨了合成生物学开创的新的材料制造方法。传统方法需要耗费人力和物力将原材料组装成复杂的结构，往往伴随着大量能源的消耗和生态环境的破坏，而新方法则可以通过农业废弃物和向微生物喂食糖分等来培育材料，例如，在合适的环境条件下大量培养皮肤细胞。

"走向 4D 设计"描述了一个新兴的设计理念，通过将信息嵌入材料中，可以为制造的产品带来与时空相关的品质。本章展示了如何在没有任何外部能量或助力的情况下，将行为指令引入要制造的产品中，也就是说，产品的形状和物理特性可以自发改变以适应不断变化的外部条件。斯凯拉·蒂比茨将这种方法应用于设计自组装家具，而霍德·利普森则创造了"没有机器的机器人"——不需要电线、电池或计算机就能够移动。

我们通过类比推理，把生物学中的材料性质、整体机制和设计思想转化到可以操作的技术层面。工程设计和创新工作关注的重点包括形状、表皮和结构，材料和工业制造也是如此。我花了九年才意识到，正是这两张图之间的差异为创意领域带来了机遇：仿生设计方法可以为材料、形式和功能之间的关系提供一个新的视角，从而开辟出一个全新的设计领域，未来这两张图之间的差异会越来越小。

# 词汇表

**氨基酸（amino acids）**
有机化合物，是蛋白质的基本组成单位。每种氨基酸至少包含一个氨基和一个羧基。

**半导体（semiconductor）**
在某些条件下可以导电，但在其他条件下不能导电的物质，是控制电流的良好介质。

**变形虫（amoeba）**
一种单细胞生物，主要通过伸展和收缩假足（细胞表面的突起）来改变自身形状。

**布尔逻辑（Boolean logic）**
一种代数形式，其中所有值都被简化为真（TRUE）或假（FALSE）。布尔逻辑很适合二进制编码系统，对计算机科学尤其重要，其中每个比特（计算中的基本信息单位）的值都是 1 或 0。

**泊松比（Poisson's ratio）**
通常来说，材料在受压时会变厚，而在受拉时会变薄，材料在形变时横向收缩应变与纵向拉伸应变的比值称为泊松比。

**超疏水性（superhydrophobic）**
具有极强的疏水性或斥水性，因此水滴形成一个球体而不会变成一摊水，参见莲叶效应。

**层级结构（hierarchical structure）**
一种组织结构，其中除了第一个实体外，其余每个实体都从属于另一个实体。

**从摇篮到摇篮（Cradle to Cradle）**
产品和系统设计的仿生学方法。Cradle to Cradle（C2C）是麦克唐纳·布朗嘉特设计化学有限责任公司（McDonough Braungart Design Chemistry）的注册商标。

**单体（monomer）**
一种可以与其他分子结合形成聚合物的小分子。

**电活性聚合物（EAP）**
一种当暴露在电场中时尺寸或形状会发生改变的聚合物。

**范德瓦尔斯力（van de Waals Forces）**
某些类型的不带电分子，或原子团之间的短程静电吸引力或排斥力。单体作用力非常微弱，但整体作用力巨大。

**芳纶（aramid）**
全称"芳香族聚酰胺"，是一种高强度合成纤维。纤维中的分子沿纤维的长度方向排布，分子之间形成的强化学键使其具有很高的强度。凯夫拉纤维是一种芳纶纤维。

**纺锤形（fusiform）**
中间稍宽，两端逐渐变细的形状。

**合成生物学（synthetic biology）**
生物学和工程学的交叉学科。

**挤出（extrusion）**
一种将材料从模具中推出来制造复合材料的方法。

**计算机辅助设计（computer-aided design，简称 CAD）**
在建筑、电子、工程、制造和假体制作等众多领域帮助设计的计算机系统和软件。

**计算机数控（computer numerical control，简称 CNC）**
机床的计算机自动化。数控机床可执行切割和镗孔等多项木工任务。

**甲壳素（chitin）**
一种从葡萄糖中提取的多功能天然长链聚合物，存在于多种生物体中，如真菌的细胞壁以及节肢动物和昆虫的外骨骼上。

**聚合物（polymer）**
由许多重复的亚基或单体组成的大分子。

**聚酰胺（polyamide）**
由酰胺键（一种化合物）连接的具有重复单元的大分子，例如，丝绸、羊毛和尼龙。

**拉挤（pultrusion）**
一种通过拉伸而不是挤压来制造复合材料的方法。

**量子点（quantum dot）**
半导体材料的纳米级晶体。

**氯丁橡胶（neoprene）**
一种复合纺织品，由无孔聚酯膜与合成橡胶层压而成，夹在两层轻质但构造紧实的纺织品之间。

**螺旋（helix）**
一种弹簧形状，类似红酒开瓶器。

**毛细作用（capillary action）**
液体不借助外力在狭窄的空间中的流动，通常可以实现反重力的效果。

**纳米（nanometre）**
十亿分之一米。

**纳米纤维（nanofibre）**
直径小于 100 纳米的纤维。

**纳米技术（nanotechnology）**
处理小于 100 纳米尺寸的技术，一般用于处理单个原子和分子。

**黏性（viscosity）**
用于衡量流体因分子结构内部摩擦而产生的流动阻力。黏性大的流体阻碍运动。

**牛顿（newton）**

以艾萨克·牛顿（Isaac Newton）命名的一种力学单位。1 牛顿（N）是以 1 米每平方秒的加速度加速 1 千克质量所需的力。

**亲水性（hydrophilic）**

容易被湿气和水润湿的表面特性。

**热对流（heat convection）**

通过液体和气体的运动将热量从一个地方传递到另一个地方。

**扫描电子显微镜（SEM）**

通过用电子束扫描样本来生成图像，分辨率可达 1 纳米以下。

**生物材料（biomaterial）**

一种人造物质，用于与生物系统间发生相互作用，以达到医疗或诊断目的。

**生物黑客（biohackers）**

一个由非专业人员组成的社群，在自己搭建的临时实验室里进行合成生物学实验。

**生物技术（biotechnology）**

将生物处理过程用于工业或其他领域，如对微生物进行基因操作以生产药物。

**生物聚合物（biopolymer）**

存在于生物体中的聚合物，如纤维素、蛋白质和 DNA。

**生物淤积（biofouling）**

当船体或其他结构长期浸没在水中时，微生物、藻类和部分动植物会在其周围淤积。

**生物制造（biofabrication）**

一种将细胞、蛋白质和其他生物材料等作为原料，来制造生物系统和医疗产品的制造方式。

**渗透性（permeability）**

材料或结构允许液体和气体通过的特性。

**疏水性（hydrophobic）**

阻止湿气或水附着或渗透的表面特性。

**肽（peptide）**

通过共价键（原子之间共享电子对的化学键）连接形成的氨基酸分子链。

**弹性体（elastomer）**

橡胶是一种常见的弹性体，有天然存在的，也有人工合成的。

**天然纤维（natural fibres）**

自然界中天然存在的纤维，通常来自植物和动物，包括棉花、亚麻、羊毛和蚕丝。

**微米（micron）**

千分之一毫米为 1 微米。

**微生物（microbe）**

肉眼看不到的，只能通过显微镜观察到的生物。

**微纤丝（microfibre）**

一种非常细的纤维状线束或者纤丝，由糖蛋白（一种蛋白质）和纤维素组成。

**吸湿性（hygroscopic）**

一种能够吸附或吸收环境中水分子的物质特性。

**细菌（bacteria）**

一种原核生物（没有细胞核），通常只有几微米长，形态多样，包括球状、杆状、螺旋状等。

**细丝（filament）**

一种长而连续的纤维。湿纺和熔纺纤维制成的细丝，长度可达数千米。唯一的天然长丝纤维是蚕丝，其长度可以超过 500 米。

**显微图像（micrograph）**

通过显微镜拍摄的照片或数字图像。

**芯吸纤维（wicking fibres）**

具有毛细作用的纤维，通常由聚酯纤维制成，其形态类似于"米老鼠耳朵"的横截面。这种凹槽形的构造设计具有紧密的空间，从而实现毛细作用。

**延展性（ductile）**

材料的一种质量特性，好的延展性意味着材料可以拉伸成细丝，与材料的脆性相反。

**再生纤维（regenerated fibres）**

从天然聚合物中提取的人造纤维，经分解后重组为连续的细丝，如由纤维素制成的人造丝。

**增材制造（additive manufacturing）**

利用 3D 打印机等专业设备将材料连接在一起（通常是层层叠加）来制造三维物体的方法。目前，已经开发出了几种以这种方式制造产品的技术，包括使用高精度激光固化聚合物的立体光刻技术（STL）。大多数消费级 3D 打印机都是使用熔融沉积成型工艺，即从打印头挤出塑料成型。（译者注：3D 打印技术是增材制造技术的一种形式。）

**纵横比（aspect ratio）**

几何图形各方向尺寸之间的比值（如宽高比）。

**阻力（drag）**

在流体动力学中，与物体移动方向相反的力，作用于物体表面。

# 扩展阅读

Bar-Cohen, Yoseph, *Biomimetics: Biologically Inspired Technologies*,
CRC Press, 2005.

Benyus, Janine M., *Biomimicry*, William Morrow, 1997.

Gordon, James Edward, *The New Science of Strong Materials:
or Why You Don't Fall Through the Floor*, Penguin UK, 1991.

Hawken, Paul, Amory B. Lovins, and L. Hunter Lovins, *Natural Capitalism:
The Next Industrial Revolution*, Routledge, 2013.

McDonough, William, and Michael Braungart, *Cradle to Cradle:
Remaking the Way We Make Things*, Macmillan, 2010.

Mazzoleni, Ilaria, *Architecture Follows Nature-Biomimetic Principles
for Innovative Design*, vol. 2, CRC Press, 2013.

Thompson, D'Arcy Wentworth, *On Growth and Form*, Cambridge University
Press, 1942.

Vincent, Julian, *Structural Biomaterials*, Princeton University Press, 2012.

Vogel, Steven, *Cats' paws and catapults: Mechanical Worlds of Nature
and People*, WW Norton & Company, 2000.

Vogel, Steven, *Comparative Biomechanics: Life's Physical World*,
Princeton University Press, 2013.

Vogel, Steven, *Glimpses of Creatures in Their Physical Worlds*,
Princeton University Press, 2009.

Vogel, Steven, *Life's Devices: The Physical World of Animals and Plants*,
Princeton University Press, 1988.

Vogel, Steven, *Prime Mover: A Natural History of Muscle*, WW Norton
& Company, 2003.

Vogel, Steven, *The Life of a Leaf*, University of Chicago Press, 2012.

# 图片版权

扉页左页图Dmitry Grigoriev/Shutterstock; **IVa** Steve Mann; **IVb** Muse™; **1** Peteri/Shutterstock; **2a** Martin Caidin; **2b** Pan Xunbin/Shutterstock; **3a** Air Force Office of Scientific Research (AFOSR); **3b** Photowind/Shutterstock; **4a** Nicku/Shutterstock; **4b** Morphart Creation/Shutterstock; **5a** Wilm Ihlenfeld/Shutterstock; **5b** Zvonimir Atletic/Shutterstock; **6a** Korionov/Shutterstock; **6b** Mrs_ya/Shutterstock; **7a** ONiONA/Shutterstock; **7bl, 7br** Anna Dimitriu: 8 Doctor Jools/Shutterstock; **9a** JD Photograph/Shutterstock; **9b, 11** Whitehoune/ Shutterstock; **10** silkwayrain/istock by Getty Images; **12–13** mexrix/Shutterstock; **15** Mr Suttipon Yakham/Shutterstock; **16a** Anna Krasovskaya/Shutterstock; **16b, 20a** Everett Historical/Shutterstock; **17** Kwanjitr/Shutterstock; **18l** Quayside/ Shutterstock; **18r** Ana Gram/Shutterstock; **19al, 19b** TonLammerts/ Shutterstock; **19ar** Tobias Arhelger/Shutterstock; **20b** Begood/Shutterstock; **21a** Photogal/Shutterstock **21b** Benoit Daoust/Shutterstock; **22a** Eric Isselee/Shutterstock; **22b** Alexandra Lande/Shutterstock; **23al, 23ar** Otto Lilienthal Museum; **23b** tea maeklong/Shutterstock; **24a** CLS Design/Shutterstock; **24l** Mr Suttipon Yakham/Shutterstock; **24r** Bonnie Taylor Barry/Shutterstock; **25a** Policas/Shutterstock; **25b** Kangshutters/Shutterstock; **26a** Dreamnikon/Shutterstock; **26b** QiuJu Song/Shutterstock; **27** WorldPictures/Shutterstock; **28** Butterfly Hunter/Shutterstock; **29** Anna Wilson; **30a** Willyam Bradberry/Shutterstock; **30b** Gerald Marella/Shutterstock; **31a** http://www.dt.navy.mil/div/about/galleries/gallery3/054.html; **31b** Anna Wilson; **32a** Volt Collection/Shutterstock; **32b** David Ashley/Shutterstock; **33al** Corlaffra/Shutterstock; **33ar** Pedrosala/Shutterstock; **33b** Anna Wilson; **34** Tory Kallman/Shutterstock.com; **35** Roy Stuart; **36** Dray van Beeck/Shutterstock; **37a** Alex Wong/Getty Images; **37b** Timothy E. Higginbotham, Ph. D; **38–39** pixbox77/Shutterstock; **41** Eric Isselee/Shutterstock; **42g** stockpix4u/Shutterstock; **42f** Alex Hyde/Science Photo Library; **43** S. Pytel/Shutterstock; **44l** Anna Wilson; **44r** Pascal Goetgheluck/Science Photo Library; **44b** Airbus, Fraunhofer-Gesellschaft; **45a** Johan Swanepoel/Shutterstock; **45b** Holbox/Shutterstock; **46f** Gucio_55/Shutterstock; **46g** Julie Lucht/Shutterstock; **47a** Fotokostic/Shutterstock; **48b** Joris van den Heuvel/Shutterstock; **48al** Svetlana55/Shutterstock; **48ar** Anna Wilson; **48b** Fotokostic/Shutterstock; **49a** Alekcey/Shutterstock; **49b** Marekuliasz/Shutterstock; **50l** Papa Bravo/Shutterstock; **50r** Aggie 11/Shutterstock **51l** Leo Caillard; **51b** Anna Wilson; **51r, 52a, 52c, 53bl, 53br** UAmhersM: **52b, 53a** Eric Isselee/Shutterstock; **54** Siriwat Wongchana/Shutterstock; **55** Ted Kinsman/Science Photo Library; **56a** Anna Wilson; **56c** Sto AG; **56b** Fnp/Shutterstock; **57** Leo Caillard: **58l** Jiri Hodecek/Shutterstock; **58r** jps/Shutterstock; **59a** Anna Wilson; **59b** Peter Schwarz/Shutterstock; **60l** Ossobuko/Shutterstock; **60r** Donna Sgro; **61a** iLight photo/Shutterstock; **61b** Sergei Aleshin/ Shutterstock; **62al** Beth Swanson/Shutterstock; **62ar, 71br** scubaluna/Shutterstock; **62b** Anna Wilson; **63a** Veronika Kapsali; **63bl** Simon Leigh; **64a** Jubal Harshaw/Shutterstock; **64b** Anna Wilson; **65** Pan Xunbin/Shutterstock; **66** Leo Caillard; **67a** Jubal Harshaw/Shutterstock; **67b** Veronika Kapsali; **68l** Kristian Bell/Shutterstock; **68r** Anna Wilson; **69** Johanna Ralph/Shutterstock; **70** Martin Harvey/Getty Images; **71** Fogquest; **72** Leo Caillard; **73a** Anna Wilson; **73b** mkos83/iStock; **74** Robert Eastman/Shutterstock; **77a** Joe Gough/Shutterstock; **76b** Efired/Shutterstock; **78d** Marc Poveda/Shutterstock; **78g** Michael Hero/Shutterstock; **79al** Anna Wilson; **79bl** Institute of Textile Technology and Process Engineering Denkendorf; **79ar** Claudio Divizia/Shutterstock; **79br** NYS/Shutterstock; **80** Jubal Harshaw/Shutterstock; **81** Claudio Divizia/Shutterstock; **82l** Shaiith/Shutterstock; **82r** Dionisvera/Shutterstock; **83** Cesarz/Shutterstock; **84a** Michelin/Shutterstock; **84b** Hankook; **85** Bridgestone; **86, 87a, 87b** Leo Caillard; **88** zimowa /

Shutterstock; **89a, 89c, 89b** Koji Sekita; **90a** s-ts/Shutterstock; **90b, 91a, 91b** Lilian van Daal; **92a** Graphic design/Shutterstock; **92b** Anna Wilson; **93a, c, b** Andy Alderson; **94** Jose Luis Calvo/Shutterstock; **95a** Anna Wilson; **95b** Andy Alderson; **96l** FatManPhoto/Shutterstock; **96ar** Orhan Cam/Shutterstock; **96br** Anna Wilson; **97a, b** Claudio Divizia/Shutterstock; **98** Bronwyn Photo/Shutterstock; **99al, r** Leo Caillard; **99b** julien.sebastien.jeremy/Shutterstock; **100a** Zeng Wei Jun/Shutterstock; **100b** Fat Jackey/Shutterstock; **101a** Eye of Science/Science Photo Library; **101b** Anna Wilson **102** Kazakov Maksim/Shutterstock; **103a, b** Anna Wilson; **104** Andres Warén; **105a** Oleksandr Pereplytsia/iStock; **105b** Anna Wilson; **106l** bluehand/Shutterstock; **106r, 107b** Anna Wilson; **107a** BulentGrp/iStock; **108l, 108r, 109r** Dmitry Grigoriev/Shutterstock; **109la, b** Anna Wilson; **110l** outdoorsman/Shutterstock; **110r** Institute of Textile Technology and Process Engineering Denkendorf; **111a** Leo Caillard; **111b** Lex20/iStock; **112** aptecha/Shutterstock; **113a** showcake/Shutterstock; **113b** Anna Wilson; **114–115** Kirsanov Valeriy Vladimirovich/Shutterstock**; 116** Yermolov/Shutterstock; **117** Pick/Shutterstock; **118a** John P. Ashmore/Shutterstock; **118b** AzriSuratmin/Shutterstock; **119a, b** Freedom of Creation; **120a** hxdyl/Shutterstock; **120b** Anest/Shutterstock; **121a** Schankz/Shutterstock; **121b** Freedom of creation **122** Christopher May/Shutterstock; **123d** Jose Angel Astor Rocha/Shutterstock; **123g** Npine/Shutterstock; **123b** Everett Historical/Shutterstock; **124a** hxdbzxy/Shutterstock; **124b** Dmitry Naumov/Shutterstock; **125al** Marsan/Shutterstock; **125ar** Noppharat46/Shutterstock; **125b** Karel Gallas/Shutterstock; **126** Steve Gschmeissner/ Science Photo Library; **127a** sunipix55/Shutterstock; **127c** Pok Leh/Shutterstock; **127b** cpaulfell/Shutterstock; **128l** Adrian Dennis/Getty Images; **128r** The Sun photo/Shutterstock; **129a** martin81/Shutterstock; **129bl** leshik/Shutterstock; **129br** Ekarin Apirakthanakorn/Shutterstock; **130** KuLouKu/Shutterstock; **131l** Bolt Threads; **131r** Humannet/Shutterstock; **132** Pan Xunbin/Shutterstock; **133a** Chubykin Arkady/Shutterstock; **133b** Ammit Jack/Shutterstock; **134a, 135al, ar, b, 136a, c, b, 137** Biocouture; **136b** Princessdlaf/iStock; **138** Kichigin/Shutterstock; **139a** Varin Jindawong/Shutterstock; **139b** Leo Caillard; **140, 141a, 142, 143** Amy Congdon; **141b** Kirill Demchenko/Shutterstock; **144d** Alan John Lander Phillips/iStock; **144g** pashabo/Shutterstock.com; **145a** Jubal Harshaw/Shutterstock; **145b** Muskoka Stock Photos/Shutterstock; **146a** GrayMark/Shutterstock; **146b** science photo/Shutterstock; **147ar** Susana Cámara Leret; **147** Mike Thompson; **148** Chatsuda Sakdapetsiri/Shutterstock; **149, 150l** Veronika Kapsali; **150r** Dr Morley Read/Shutterstock; **151a** sitboaf/Shutterstock; **151al** KimOsterhout/iStock; **151b** D. Kucharski K. Kucharska/Shutterstock; **152–153** Leo Caillard; **155** Kristina Vackova/Shutterstock; **156** Aleksandrs Marinicevs/ Shutterstock; **157al** kiri11/Shutterstock; **157bl** beerlogoff/Shutterstock; **157r** holbox/Shutterstock; **158, 160** NinaM/Shutterstock; **159** Sony; **161** Jose Luis Calvo/Shutterstock; **162a** Khoroshunova Olga/Shutterstock; **162b** Ilca Laurentiu Daniel/Shutterstock; **163** Travel mania/Shutterstock; **164** Self Organising Systems Research Group/Harvard University; **165al, ar, c, b** Clive van Heerden, Jack Mama together with Bart Hess, Nancy Tilbury, Peter Gal and Harm Rensink; **166–167** DLR Institute of Robotics and Mechatronics; **168** biorobotics lab EPFL; **169a** Robert Mandel/Shutterstock; **169bl** SEAS; **169br** Konrad Mostert/Shutterstock; **170** foto76/Shutterstock; **171ar, br, l, 172, 173a, b** Plantoid Project 2012; **174a, 175b** Shadow Robot Company; **174b, 175al, ar** Openbionics; **175a, 176a, b** Ekso Bionics; **177b** Vereshchagin Dmitry/Shutterstock; **178** Andrew Howe/iStock; **179** NASA National Aeronautics and Space Administration; **180a** Aquapix/Shutterstock; **180b** Stasis Photo/Shutterstock; **181al** QiuJu Song/Shutterstock; **181ar** Anna Wilson; **181b** olgaman/Shutterstock; **182al, ar, 183a, bl, br** octopus-project-eu; **184, 185l, r** REP-RAP Adrian Bower; **186a, b, 187a, b** TOPOBO; **188** Biorobotics Laboratory Biorob EPFL; **189a** Leo

# 致谢

Caillard; **189b** Molekuul/iStock; **190** Ernst W. Breisacher/iStock; **191** S.Felton Harvard University; **192, 194a, b, 195a, b** Skylar Tibbits/MIT; **193l** Leo Caillard; **193ar, br** Hod Lipson; **196, 197, 198d, 199a** Veronika Kapsali; **198g** Volt Collection/Shutterstock; **199b** Tom K Photo/Shutterstock; **199c, 200, 203r, 212ar** Anna Wilson; **200r** Aerostich; **201** Gore-tex; **202r, l** Sergiy Kuzmin/Shutterstock; **203a** Caryn Levy/Getty Images; **203b** Elena Manfradini for Nike; **204, 205** MMT Textiles Ltd; **206–211** Archim Mendes; **212a** NaturePhoto/Shutterstock; **212b** Cigdem Sean Cooper/Shutterstock; **213l** Dieter Hawlan/Shutterstock; **214** Lanych/Shutterstock; **215** Xuanhe Zahao; **216–217** AMA/Shutterstock; **220** Royal Society

我要感谢我的导师朱利安·文森特（Julian Vincent）教授和乔治·杰罗尼米迪斯（George Jeronimidis）、罗杰·特纳（Roger Turner）、芭芭拉·马佐莱（Barbara Mazzolai）、阿莱西奥·蒙迪尼（Alessio Mondini）、霍德·利普森（Hod Lipson）、乔恩·希勒（Jon Hiller）、阿德里安·鲍耶（Adrian Bower）、安德鲁·奥尔德森（Andrew Alderson）、奥克·艾斯皮尔特（Auke Ijspeert）、克里斯·涅茨卡（Chris Nieckar）、弗朗西斯科·乔治·塞尔吉（Francesco Giorgio Serchi）、格雷戈里·科斯韦勒（Gregory Cossweiler）、杰克·马马（Jack Mama）、约翰·斯特凡纳基斯（John Stefanakis）、西蒙·利（Simon Leigh）、史蒂夫·曼恩（Steve Mann）、奥利弗·大卫·克里格（Oliver David Krieg）、米歇尔·德勒戈埃斯库（Michele Dragoescu）、马丁娜·奥勒（Martina Ohle）、托马斯·斯特格迈尔（Thomas Stegmaier）、沃尔夫冈·赖纳特（Wolfgang Reinert）、阿奇姆·门格斯（Achim Menges）、克莱夫·凡·希尔登（Clive van Heerden）、唐娜·斯格罗（Donna Sgro）、爱力纳·曼菲尔蒂尼（Elena Manferdini）、安娜·杜米特留（Anna Dumitriu）、关田康二（Koji Sekita）、莉莉安·范·达尔（Lilian van Daal）、迈克·汤普森（Mike Thompson）、罗伊·斯图尔特（Roy Stuart）、苏珊·李（Susanne Lee）、艾米·康登（Amy Congdon）等人，对他们在这一领域旷日持久且令人振奋的工作表示感谢。还要特别感谢盖尔·斯特克勒（Gail Steckler）、安德烈斯·瓦伦（Andres Warén）和萨莉·佩洛（Sally Pellow），以及玛丽昂·利恩（Marion Lean）在这项工作中提供的帮助。我想把这本书献给波普伊（Poppy）和菲比（Phoebe）。

谨以本书献给波普伊（Poppy）、菲比（Phoebe）、马克（Mark）。

**正封图片**
左上，Claudio Divizia/Shutterstock，p.97；
右下，Anna Wilson，p.96
**封底图片**
左下，Claudio Divizia/Shutterstock，p.97
**书脊图片**
Fat Jackey/Shutterstock

First published in the United Kingdom in 2016 by
Thames & Hudson Ltd, 181A High Holborn, London WC1V 7QX
Biomimetics for Designers © 2016 Thames & Hudson Ltd, London
Text © 2016 Veronika Kapsali
Designed by Draught Associates

This edition first published in China in 2025 by Guangxi Normal University Press Group Co., Ltd, Guilin
Simplified Chinese Edition © 2025 Guangxi Normal University Press Group Co., Ltd

著作权合同登记号桂图登字:20 - 2024 - 064 号

**图书在版编目(CIP)数据**

仿生设计：设计师如何从自然中汲取灵感/（英）薇罗妮卡·卡普萨利著；张靖译. -- 桂林：广西师范大学出版社，2025. 1. -- ISBN 978-7-5598-7304-0

Ⅰ. TB47

中国国家版本馆 CIP 数据核字第 202430DY74 号

仿生设计：设计师如何从自然中汲取灵感
FANGSHENG SHEJI: SHEJISHI RUHE CONG ZIRAN ZHONG JIQU LINGGAN

出 品 人：刘广汉
责任编辑：冯晓旭
装帧设计：马韵蕾

广西师范大学出版社出版发行

（广西桂林市五里店路9号　　邮政编码：541004）
（网址：http://www.bbtpress.com）

出版人：黄轩庄
全国新华书店经销
销售热线：021 - 65200318　021 - 31260822 - 898
恒美印务(广州)有限公司印刷
(广州市南沙区环市大道南路334号　邮政编码:511458)
开本：889 mm×1 194 mm　1/16
印张：15　　　　　　字数：290 千
2025 年 1 月第 1 版　　2025 年 1 月第 1 次印刷
定价：168.00 元